사고력도 탄탄! 창의력도 탄탄!
수학 일등의 지름길 「기탄사고력수학」

♛ 단계별·능력별 프로그램식 학습지입니다

유아부터 초등학교 6학년까지 각 단계별로 4~6권씩 총 52권으로 구성되었으며, 처음 시작할 때 나이와 학년에 관계없이 능력별 수준에 맞추어 학습하는 프로그램식 학습지입니다.

♛ 사고력·창의력을 키워 주는 수학 학습지입니다

다양한 사고 단계를 거쳐 문제 해결력을 높여 주며, 개념과 원리를 이해하도록 하여 수학적 사고력을 키워 줍니다. 또 수학적 사고를 바탕으로 스스로 생각하고 깨닫는 창의력을 키워 줍니다.

♛ 유아 과정은 물론 초등학교 수학의 전 영역을 골고루 학습합니다

운필력, 공간 지각력, 수 개념 등 유아 과정부터 시작하여, 초등학교 과정인 수와 연산, 도형 등 수학의 전 영역을 골고루 다루어, 자녀들의 수학적 사고의 폭을 넓히는 데 큰 도움을 줍니다.

♛ 학습 지도 가이드와 다양한 학습 성취도 평가 자료를 수록했습니다

매주, 매달, 매 단계마다 학습 목표에 따른 지도 내용과 지도 요점, 완벽한 해설을 제공하여 학부모님께서 쉽게 지도하실 수 있습니다. 창의력 문제와 수학 경시 대회 예상 문제를 단계별로 수록, 수학 실력을 완성시켜 줍니다.

♛ 과학적 학습 분량으로 공부하는 습관이 몸에 배입니다

하루 10~20분 정도의 과학적 학습량으로 공부에 싫증을 느끼지 않게 하고, 학습에 자신감을 가지도록 하였습니다. 매일 일정 시간 꾸준하게 공부하도록 하면, 시키지 않아도 공부하는 습관이 몸에 배게 됩니다.

「기탄사고력수학」은
체계적이고 장기적인 프로그램으로
꾸준히 학습하면 반드시 성적으로 보답합니다

✿ 스몰 스텝(Small Step)방식으로 꾸준히 학습하면 성적이 올라갑니다

「기탄사고력수학」은 단순히 문제만 나열한 문제집이 아닙니다. 체계적이고 장기적인 학습프로그램을 통해 수학적 사고력과 창의력을 완성시켜 주는 스몰 스텝(Small Step)방식으로 꾸준히 학습하면 반드시 성적이 올라갑니다.

✿ 하루 3장, 10~20분씩 규칙적으로 학습하게 하세요

매일 일정 시간에 일정한 학습량을 꾸준히 재미있게 해야만 학습효과를 높일 수 있습니다. 주별로 분철하기 쉽게 제본되어 있으니, 교재를 구입하시면 먼저 분철하여 일주일 학습 분량만 자녀들에게 나누어 주세요. 그래야만 아이들이 학습 성취감과 자신감을 가질 수 있습니다.

✿ 자녀들의 수준에 알맞은 교재를 선택하세요

〈기탄사고력수학〉은 유아에서 초등학교 6학년까지, 나이와 학년에 관계없이 학습 난이도별로 자신의 능력에 맞는 단계를 선택하여 시작하는 능력별 교재입니다. 그러나 자녀의 수준보다 1~2단계 낮춘 교재부터 시작하면 학습에 더욱 자신감을 갖게 되어 효과적입니다.

교재 구분	교재 구성	대 상
A단계 교재	1, 2, 3, 4집	4세 ~ 5세 아동
B단계 교재	1, 2, 3, 4집	5세 ~ 6세 아동
C단계 교재	1, 2, 3, 4집	6세 ~ 7세 아동
D단계 교재	1, 2, 3, 4집	7세 ~ 초등학교 1학년
E단계 교재	1, 2, 3, 4, 5, 6집	초등학교 1학년
F단계 교재	1, 2, 3, 4, 5, 6집	초등학교 2학년
G단계 교재	1, 2, 3, 4, 5, 6집	초등학교 3학년
H단계 교재	1, 2, 3, 4, 5, 6집	초등학교 4학년
I 단계 교재	1, 2, 3, 4, 5, 6집	초등학교 5학년
J단계 교재	1, 2, 3, 4, 5, 6집	초등학교 6학년

「기탄사고력수학」으로 수학 성적 올리는 일등비법을 공개합니다

※ 문제를 먼저 풀어 주지 마세요

기탄사고력수학은 직관(전체 감지)을 논리(이론과 구체 연결)로 발전시켜 답을 구하도록 구성되었습니다. 쉽게 문제를 풀지 못하더라도 노력하는 과정에서 더 많은 것을 얻을 수 있으니, 약간의 힌트 외에는 자녀가 스스로 끝까지 문제를 풀어 나갈 수 있도록 격려해 주세요.

※ 교재는 이렇게 활용하세요

먼저 자녀들의 능력에 맞는 교재를 선택하세요. 그리고 일주일 분량씩 분철하여 매일 3장씩 풀 수 있도록 해 주세요. 한꺼번에 많은 양의 교재를 주시면 어린이가 부담을 느껴서 학습을 미루거나 포기하기 쉽습니다. 적당한 양을 매일 매일 학습하도록 하여 수학 공부하는 재미를 느낄 수 있도록 해 주세요.

※ 교재 학습 과정을 꼭 지켜 주세요

한 주 학습이 끝날 때마다 창의력 문제와 경시 대회 예상 문제를 꼭 풀고 넘어가도록 해 주시고, 한 권(한 달 과정)이 끝나면 성취도 테스트와 종료 테스트를 통해 스스로 실력을 가늠해 볼 수 있도록 도와 주세요. 문제를 다 풀면 반드시 해답지를 이용하여 정확하게 채점해 주시고, 틀린 문제를 체크해 놓았다가 다음에는 확실히 풀 수 있도록 지도해 주세요.

※ 자녀의 학습 관리를 게을리 하지 마세요

수학적 사고는 하루 아침에 생겨나는 것이 아닙니다. 날마다 꾸준히 규칙적으로 학습해 나갈 때에만 비로소 수학적 사고의 기틀이 마련되는 것입니다. 교육은 사랑입니다. 자녀가 학습한 부분을 어머니께서 꼭 확인하시면서 사랑으로 돌봐 주세요. 부모님의 관심 속에서 자란 아이들만이 성적 향상은 물론 이 사회에서 꼭 필요한 인격체로 성장해 나갈 수 있다는 것도 잊지 마세요.

기탄교력수학 교재별 학습 내용

A 단계 교재

A - ❶ 교재

나와 가족에 대하여 알기
바른 행동 알기
다양한 선 그리기
다양한 사물 색칠하기
○△□ 알기
똑같은 것 찾기
빠진 것 찾기
종류가 같은 것과 다른 것 찾기
관찰력, 논리력, 사고력 키우기

A - ❷ 교재

필요한 물건 찾기
관계 있는 것 찾기
다양한 기준에 따라 분류하기
(종류, 용도, 모양, 색깔, 재질, 계절, 성질 등)
두 가지 기준에 따라 분류하기
다섯까지 세기
변별력 키우기
미로 통과하기

A - ❸ 교재

다양한 기준으로 비교하기
(길이, 높이, 양, 무게, 크기, 두께, 넓이, 속도, 깊이 등)
시간의 순서 비교하기
반대 개념 알기
3까지의 숫자 배우기
그림 퍼즐 맞추기
미로 통과하기

A - ❹ 교재

최상급 개념 알기
다양한 기준으로 순서 짓기 (크기, 시간, 길이, 두께 등)
네 가지 이상 비교하기
이중 서열 알기
ABAB, ABCABC의 규칙성 알기
다양한 규칙 이해하기
부분과 전체 알기
5까지의 숫자 배우기
일대일 대응, 일대다 대응 알기
미로 통과하기

B 단계 교재

B - ❶ 교재

열까지 세기
9까지의 숫자 배우기
사물의 기본 모양 알기
모양 구성하기
모양 나누기와 합치기
같은 모양, 짝이 되는 모양 찾기
위치 개념 알기 (위, 아래, 앞, 뒤)
위치 파악하기

B - ❷ 교재

9까지의 수량, 수 단어, 숫자 연결하기
구체물을 이용한 수 익히기
반구체물을 이용한 수 익히기
위치 개념 알기 (안, 밖, 왼쪽, 가운데, 오른쪽)
다양한 위치 개념 알기
시간 개념 알기 (낮, 밤)
구체물을 이용한 수와 양의 개념 알기
(같다, 많다, 적다)

B - ❸ 교재

순서대로 숫자 쓰기
거꾸로 숫자 쓰기
1 큰 수와 2 큰 수 알기
1 작은 수와 2 작은 수 알기
반구체물을 이용한 수와 양의 개념 알기
보존 개념 익히기
여러 가지 단위 배우기

B - ❹ 교재

순서수 알기
사물의 입체 모양 알기
입체 모양 나누기
두 수의 크기 비교하기
여러 수의 크기 비교하기
0의 개념 알기
0부터 9까지의 수 익히기

C

단계 교재

C – ❶ 교재	C – ❷ 교재
구체물을 통한 수 가르기 반구체물을 통한 수 가르기 숫자를 도입한 수 가르기 구체물을 통한 수 모으기 반구체물을 통한 수 모으기 숫자를 도입한 수 모으기	수 가르기와 모으기 여러 가지 방법으로 수 가르기 수 모으고 다시 수 가르기 수 가르고 다시 수 모으기 더해 보기 세로로 더해 보기 빼 보기 세로로 빼 보기 더해 보기와 빼 보기 바꾸어서 셈하기
C – ❸ 교재	**C – ❹ 교재**
길이 측정하기　　높이 측정하기 넓이 측정하기　　크기 측정하기 둘레 측정하기　　무게 측정하기 부피 측정하기　　들이 측정하기 활동 시간 알아보기　시간의 순서 알아보기 여러 가지 측정하기	열 개 열 개 만들어 보기 열 개 묶어 보기 자리 알아보기 수 '10' 알아보기 10의 크기 알아보기 더하여 10이 되는 수 알아보기 열다섯까지 세어 보기 스물까지 세어 보기

D

단계 교재

D – ❶ 교재	D – ❷ 교재
수 11~20 알기 11~20까지의 수 알기 30까지의 수 알아보기 자릿값을 이용하여 30까지의 수 나타내기 40까지의 수 알아보기 자릿값을 이용하여 40까지의 수 나타내기 자릿값을 이용하여 50까지의 수 나타내기 50까지의 수 알아보기	상자 모양, 공 모양, 둥근기둥 모양 알아보기 공간 위치 알아보기 입체도형으로 모양 만들기 여러 방향에서 본 모습 관찰하기 평면도형 알아보기 선대칭 모양 알아보기 모양 만들기와 탱그램
D – ❸ 교재	**D – ❹ 교재**
덧셈 이해하기 10이 되는 더하기 여러 가지로 더해 보기 덧셈 익히기 뺄셈 이해하기 10에서 빼기 여러 가지로 빼 보기 뺄셈 익히기	조사하여 기록하기 그래프의 이해 그래프의 활용 분수의 이해 시간 느끼기 사건의 순서 알기 소요 시간 알아보기 달력 보기 시계 보기 활동한 시간 알기

기탄 사고력 수학 교재별 학습 내용

E 단계 교재

E - ❶ 교재	E - ❷ 교재	E - ❸ 교재
사물의 개수를 세어 보고 1, 2, 3, 4, 5 알아보기 0의 개념과 0~5까지의 수의 순서 알기 하나 더 많다, 적다의 개념 알기 두 수의 크기 비교하기 사물의 개수를 세어 보고 6, 7, 8, 9 알아보기 0~9까지의 수의 순서 알기 하나 더 많다, 적다의 개념 알기 두 수의 크기 비교하기 여러 가지 모양 알아보기, 찾아보기, 만들어 보기 규칙 찾기	두 수로 가르기 두 수를 모으기 가르기와 모으기 덧셈식 알아보기 뺄셈식 알아보기 길이 비교해 보기 높이 비교해 보기 들이 비교해 보기 무게 비교해 보기 넓이 비교해 보기	수 10(십) 알아보기 19까지의 수 알아보기 몇십과 몇십 몇 알아보기 물건의 수 세기 50까지 수의 순서 알아보기 두 수의 크기 비교하기 분류하기 분류하여 세어 보기
E - ❹ 교재	**E - ❺ 교재**	**E - ❻ 교재**
수 60, 70, 80, 90 99까지의 수 수의 순서 두 수의 크기 비교 여러 가지 모양 알아보기, 찾아보기 여러 가지 모양 만들기, 그리기 규칙 찾기 10을 두 수로 가르기 100이 되도록 두 수를 모으기	100이 되는 더하기 10에서 빼기 세 수의 덧셈과 뺄셈 (몇십)+(몇), (몇십 몇)+(몇), (몇십 몇)+(몇십 몇) (몇십 몇)−(몇), (몇십 몇)−(몇십 몇) 긴바늘, 짧은바늘 알아보기 몇 시 알아보기 몇 시 30분 알아보기	세 수의 덧셈 받아올림이 있는 (몇)+(몇) 받아내림이 있는 (십 몇)−(몇) 세 수의 계산 덧셈식, 뺄셈식 만들기 □가 있는 덧셈식, 뺄셈식 만들기 여러 가지 방법으로 해결하기

F 단계 교재

F - ❶ 교재	F - ❷ 교재	F - ❸ 교재
백(100)과 몇백(200, 300, ……)의 개념 이해 세 자리 수와 뛰어 세기의 이해 세 자리 수의 크기 비교 받아올림이 있는 (두 자리 수)+(한 자리 수)의 계산 받아내림이 있는 (두 자리 수)−(한 자리 수)의 계산 세 수의 덧셈과 뺄셈 선분과 직선의 차이 이해 사각형, 삼각형, 원 등의 여러 가지 모양 쌓기나무로 똑같이 쌓아 보고 여러 가지 모양 만들기 배열 순서에 따라 규칙 찾아내기	받아올림이 있는 (두 자리 수)+(두 자리 수)의 계산 받아내림이 있는 (두 자리 수)−(두 자리 수)의 계산 여러 가지 방법으로 계산하고 세 수의 혼합 계산 길이 비교와 단위길이의 비교 길이의 단위(cm) 알기 길이 재기와 길이 어림하기 어떤 수를 □로 나타내기 덧셈식·뺄셈식에서 □의 값 구하기 어떤 수를 구하는 식 만들기 식에 알맞은 문제 만들기	시각 읽기 시각과 시간의 차이 알기 하루의 시간 알기 달력을 보며 1년 알기 몇 시 몇 분 전 알기 반 시간 알기 묶어 세기 몇 배 알아보기 더하기를 곱하기로 나타내기 덧셈식과 곱셈식으로 나타내기
F - ❹ 교재	**F - ❺ 교재**	**F - ❻ 교재**
2~9의 단 곱셈구구 익히기 1의 단 곱셈구구와 0의 곱 곱셈표에서 규칙 찾기 받아올림이 없는 세 자리 수의 덧셈 받아내림이 없는 세 자리 수의 뺄셈 여러 가지 방법으로 계산하기 미터(m)와 센티미터(cm) 길이 재기 길이 어림하기 길이의 합과 차	받아올림이 있는 세 자리 수의 덧셈 받아내림이 있는 세 자리 수의 뺄셈 여러 가지 방법으로 덧셈·뺄셈하기 세 수의 혼합 계산 똑같이 나누기 전체와 부분의 크기 분수의 쓰기와 읽기 분수만큼 색칠하고 분수로 나타내기 표와 그래프로 나타내기 조사하여 표와 그래프로 나타내기	□가 있는 곱셈식을 만들어 문제 해결하기 규칙을 찾아 문제 해결하기 거꾸로 생각하여 문제 해결하기

단계 교재

G - ❶ 교재	G - ❷ 교재	G - ❸ 교재
1000의 개념 알기	똑같이 묶어 덜어 내기와 똑같게 나누기	분수만큼 알기와 분수로 나타내기
몇천, 네 자리 수 알기	나눗셈의 몫	몇 개인지 알기
수의 자릿값 알기	곱셈과 나눗셈의 관계	분수의 크기 비교
뛰어 세기, 두 수의 크기 비교	나눗셈의 몫을 구하는 방법	mm 단위를 알기와 mm 단위까지 길이 재기
세 자리 수의 덧셈	나눗셈의 세로 형식	km 단위를 알기
덧셈의 여러 가지 방법	곱셈을 활용하여 나눗셈의 몫 구하기	km, m, cm, mm의 단위가 있는 길이의
세 자리 수의 뺄셈	평면도형 밀기, 뒤집기, 돌리기	합과 차 구하기
뺄셈의 여러 가지 방법	평면도형 뒤집고 돌리기	시각과 시간의 개념 알기
각과 직각의 이해	(몇십)×(몇)의 계산	1초의 개념 알기
직각삼각형, 직사각형, 정사각형의 이해	(두 자리 수)×(한 자리 수)의 계산	시간의 합과 차 구하기

G - ❹ 교재	G - ❺ 교재	G - ❻ 교재
(네 자리 수)+(세 자리 수)	(몇십)÷(몇)	막대그래프
(네 자리 수)+(네 자리 수)	내림이 없는 (몇십 몇)÷(몇)	막대그래프 그리기
(네 자리 수)−(세 자리 수)	나눗셈의 몫과 나머지	그림그래프
(네 자리 수)−(네 자리 수)	나눗셈식의 검산 / (몇십 몇)÷(몇)	그림그래프 그리기
세 수의 덧셈과 뺄셈	들이 / 들이의 단위	알맞은 그래프로 나타내기
(세 자리 수)×(한 자리 수)	들이의 어림하기와 합과 차	규칙을 정해 무늬 꾸미기
(몇십)×(몇십) / (두 자리 수)×(몇십)	무게 / 무게의 단위	규칙을 찾아 문제 해결
(두 자리 수)×(두 자리 수)	무게의 어림하기와 합과 차	표를 만들어서 문제 해결
원의 중심과 반지름 / 그리기 / 지름 / 성질	0.1 / 소수 알아보기	예상과 확인으로 문제 해결
	소수의 크기 비교하기	

단계 교재

H - ❶ 교재	H - ❷ 교재	H - ❸ 교재
만 / 다섯 자리 수 / 십만, 백만, 천만	이등변삼각형 / 이등변삼각형의 성질	소수
억 / 조 / 큰 수 뛰어서 세기	정삼각형 / 예각과 둔각	소수 두 자리 수
두 수의 크기 비교	예각삼각형 / 둔각삼각형	소수 세 자리 수
100, 1000, 10000, 몇백, 몇천의 곱	덧셈, 뺄셈 또는 곱셈, 나눗셈이 섞여 있는 혼합	소수 사이의 관계
(세,네 자리 수)×(두 자리 수)	계산	소수의 크기 비교
세 수의 곱셈 / 몇십으로 나누기	덧셈, 뺄셈, 곱셈, 나눗셈이 섞여 있는 혼합 계산	규칙을 찾아 수로 나타내기
(두,세 자리 수)÷(두 자리 수)	( ), { }가 있는 혼합 계산	규칙을 찾아 글로 나타내기
각의 크기 / 각 그리기 / 각도의 합과 차	분수와 진분수 / 가분수와 대분수	새로운 무늬 만들기
삼각형의 세 각의 크기의 합	대분수를 가분수로, 가분수를 대분수로 나타내기	
사각형의 네 각의 크기의 합	분모가 같은 분수의 크기 비교	

H - ❹ 교재	H - ❺ 교재	H - ❻ 교재
분모가 같은 진분수의 덧셈	사다리꼴 / 평행사변형 / 마름모	꺾은선그래프
분모가 같은 대분수의 덧셈	직사각형과 정사각형의 성질	꺾은선그래프 그리기
분모가 같은 진분수의 뺄셈	다각형과 정다각형 / 대각선	물결선을 사용한 꺾은선그래프
분모가 같은 대분수의 뺄셈	여러 가지 모양 만들기	물결선을 사용한 꺾은선그래프 그리기
분모가 같은 대분수와 진분수의 덧셈과 뺄셈	여러 가지 모양으로 덮기	알맞은 그래프로 나타내기
소수의 덧셈 / 소수의 뺄셈	직사각형과 정사각형의 둘레	꺾은선그래프의 활용
수직과 수선 / 수선 긋기	$1cm^2$ / 직사각형과 정사각형의 넓이	두 수 사이의 관계
평행선 / 평행선 긋기	여러 가지 도형의 넓이	두 수 사이의 관계를 식으로 나타내기
평행선 사이의 거리	이상과 이하 / 초과와 미만 / 수의 범위	문제를 해결하고 풀이 과정을 설명하기
	올림과 버림 / 반올림 / 어림의 활용	

기탄교력수학 교재별 학습 내용

I 단계 교재

I - ❶ 교재	I - ❷ 교재	I - ❸ 교재
약수 / 배수 / 배수와 약수의 관계	세 분수의 덧셈과 뺄셈	평행사변형의 넓이
공약수와 최대공약수	(진분수)×(자연수) / (대분수)×(자연수)	삼각형의 넓이
공배수와 최소공배수	(자연수)×(진분수) / (자연수)×(대분수)	사다리꼴의 넓이
크기가 같은 분수 알기	(단위분수)×(단위분수)	마름모의 넓이
크기가 같은 분수 만들기	(진분수)×(진분수) / (대분수)×(대분수)	넓이의 단위 m², a
분수의 약분 / 분수의 통분	세 분수의 곱셈 / 합동인 도형의 성질	넓이의 단위 ha, km²
분수의 크기 비교 / 진분수의 덧셈	합동인 삼각형 그리기	넓이의 단위 관계
대분수의 덧셈 / 진분수의 뺄셈	면, 모서리, 꼭짓점	무게의 단위
대분수의 뺄셈 / 세 분수의 덧셈과 뺄셈	직육면체와 정육면체	
	직육면체의 성질 / 겨냥도 / 전개도	

I - ❹ 교재	I - ❺ 교재	I - ❻ 교재
분수와 소수의 관계	(소수)×(자연수) / (자연수)×(소수)	두 수의 크기 비교
분수를 소수로, 소수를 분수로 나타내기	곱의 소수점의 위치	비율
분수와 소수의 크기 비교	(소수)×(소수)	백분율
1÷(자연수)를 곱셈으로 나타내기	소수의 곱셈	할푼리
(자연수)÷(자연수)를 곱셈으로 나타내기	(소수)÷(자연수)	실제로 해 보기와 표 만들기
(진분수)÷(자연수) / (가분수)÷(자연수)	(자연수)÷(자연수)	그림 그리기와 식 만들기
(대분수)÷(자연수)	줄기와 잎 그림	예상하고 확인하기와 표 만들기
분수와 자연수의 혼합 계산	그림그래프	실제로 해 보기와 규칙 찾기
선대칭도형/선대칭의 위치에 있는 도형	평균	
점대칭도형/점대칭의 위치에 있는 도형	자료를 그래프로 나타내고 설명하기	

J 단계 교재

J - ❶ 교재	J - ❷ 교재	J - ❸ 교재
(자연수)÷(단위분수)	쌓기나무의 개수	비례식
분모가 같은 진분수끼리의 나눗셈	쌓기나무의 각 자리, 각 층별로 나누어	비의 성질
분모가 다른 진분수끼리의 나눗셈	개수 구하기	가장 작은 자연수의 비로 나타내기
(자연수)÷(진분수) / 대분수의 나눗셈	규칙 찾기	비례식의 성질
분수의 나눗셈 활용하기	쌓기나무로 만든 것, 여러 가지 입체도형,	비례식의 활용
소수의 나눗셈 / (자연수)÷(소수)	여러 가지 생활 속 건축물의 위, 앞, 옆	연비
소수의 나눗셈에서 나머지	에서 본 모양	두 비의 관계를 연비로 나타내기
반올림한 몫	원주와 원주율 / 원의 넓이	연비의 성질
입체도형과 각기둥 / 각뿔	띠그래프 알기 / 띠그래프 그리기	비례배분
각기둥의 전개도 / 각뿔의 전개도	원그래프 알기 / 원그래프 그리기	연비로 비례배분

J - ❹ 교재	J - ❺ 교재	J - ❻ 교재
(소수)÷(분수) / (분수)÷(소수)	원기둥의 겉넓이	두 수 사이의 대응 관계 / 정비례
분수와 소수의 혼합 계산	원기둥의 부피	정비례를 활용하여 생활 문제 해결하기
원기둥 / 원기둥의 전개도	경우의 수	반비례
원뿔	순서가 있는 경우의 수	반비례를 활용하여 생활 문제 해결하기
회전체 / 회전체의 단면	여러 가지 경우의 수	그림을 그리거나 식을 세워 문제 해결하기
직육면체와 정육면체의 겉넓이	확률	거꾸로 생각하거나 식을 세워 문제 해결하기
부피의 비교 / 부피의 단위	미지수를 x로 나타내기	표를 작성하거나 예상과 확인을 통하여
직육면체와 정육면체의 부피	등식 알기 / 방정식 알기	문제 해결하기
부피의 큰 단위	등식의 성질을 이용하여 방정식 풀기	여러 가지 방법으로 문제 해결하기
부피와 들이 사이의 관계	방정식의 활용	새로운 문제를 만들어 풀어 보기

학습 관리표

학습 내용	이번 주는?
**원기둥의 겉넓이와 부피** · 원기둥의 겉넓이 구하는 방법 · 원기둥의 겉넓이 · 원기둥의 부피 구하는 방법 · 원기둥의 부피 · 창의력 학습 · 경시대회 예상문제	• 학습 방법 : ① 매일매일 ② 가끔 ③ 한꺼번에 하였습니다. • 학습 태도 : ① 스스로 잘 ② 시켜서 억지로 하였습니다. • 학습 흥미 : ① 재미있게 ② 싫증내며 하였습니다. • 교재 내용 : ① 적합하다고 ② 어렵다고 ③ 쉽다고 하였습니다.
지도 교사가 부모님께	부모님이 지도 교사께

평가	Ⓐ 아주 잘함	Ⓑ 잘함	Ⓒ 보통	Ⓓ 부족함

원(교) 반 이름 전화

● 학습 목표
- 원기둥의 전개도를 통하여 원기둥의 겉넓이를 구하는 방법을 이해할 수 있습니다.
- 여러 가지 원기둥의 겉넓이를 구할 수 있습니다.
- 원기둥의 부피 구하는 방법을 이해할 수 있습니다.
- 여러 가지 원기둥의 부피를 구할 수 있습니다.
- 원기둥의 겉넓이와 부피 구하기를 활용하여 생활 주변의 여러 가지 문제를 해결할 수 있습니다.

● 지도 내용
- 원기둥 모양의 통을 펼치는 활동을 통하여 원기둥의 전개도를 보고 겉넓이를 이해하게 합니다.
- 원기둥의 한 밑면의 넓이, 옆넓이를 이해하고, 겉넓이를 구하는 방법을 이해하게 합니다.
- 여러 가지 원기둥의 겉넓이를 구할 수 있게 합니다.
- 원기둥 모양의 통을 잘게 잘라 붙이면 직육면체에 가까워짐을 이용하여 원기둥의 부피를 구하는 방법을 이해하게 합니다.
- 원기둥의 부피 구하는 방법으로 여러 가지 원기둥의 부피를 구할 수 있게 합니다.

● 지도 요점
앞에서 원주율과 원의 넓이, 원기둥과 원뿔의 성질, 직육면체의 겉넓이와 부피를 학습한 것을 바탕으로 원기둥의 겉넓이와 부피 구하는 방법을 알고 여러 가지 원기둥의 겉넓이와 부피를 구할 수 있도록 지도합니다.

J-241a

◆ **원기둥의 겉넓이 구하는 방법** ◆

〈원기둥의 겉넓이 구하는 방법〉
- (한 밑면의 넓이)＝(원의 넓이)＝(반지름)×(반지름)×3.14
- (옆넓이)＝(직사각형의 넓이)＝(밑면의 원주)×(원기둥의 높이)
- (원기둥의 겉넓이)＝(한 밑면의 넓이)×2＋(옆넓이)

그림을 보고 원기둥의 겉넓이를 구하려고 합니다. 물음에 답하시오. [1~3]

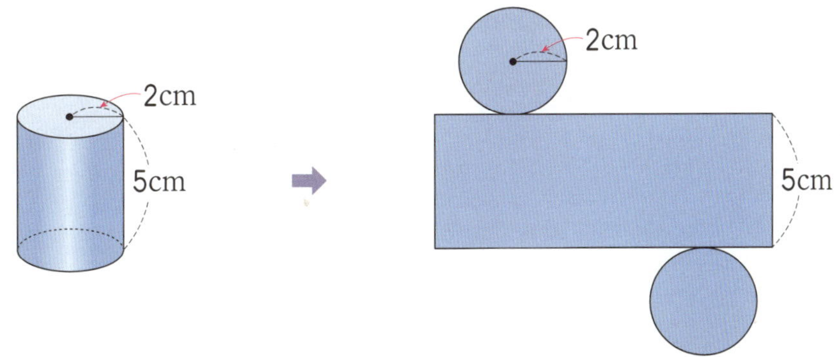

1 밑면인 원의 넓이를 구하시오.

$$\boxed{} \times \boxed{} \times \boxed{} = \boxed{} \ (\text{cm}^2)$$

2 옆면인 직사각형의 넓이를 구하시오.

$$(\text{가로}) \times (\text{세로}) = \boxed{} \times 2 \times \boxed{} \times \boxed{} = \boxed{} \ (\text{cm}^2)$$

3 원기둥의 겉넓이를 구하시오.

$$\boxed{} \times 2 + \boxed{} = \boxed{} \ (\text{cm}^2)$$

🐸 원기둥의 전개도를 보고 물음에 답하시오. [4~6]

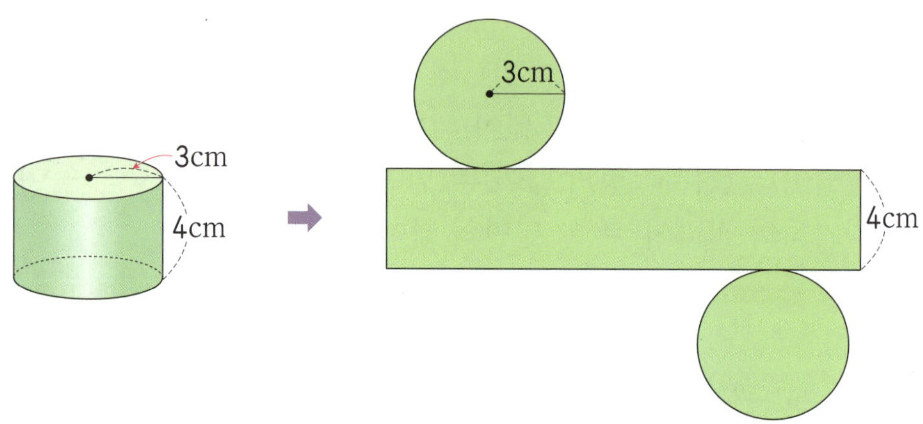

4 원기둥의 한 밑면의 넓이를 구하시오.

[식]　　　　　　　　　　　　　　　　[답]

5 원기둥의 옆넓이를 구하시오.

[식]　　　　　　　　　　　　　　　　[답]

6 원기둥의 겉넓이를 구하시오.

[식]　　　　　　　　　　　　　　　　[답]

사고력 학습

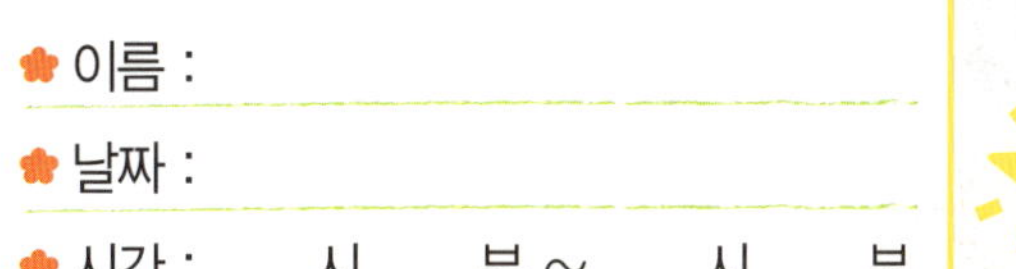

J-242a

* 이름 :
* 날짜 :
* 시간 :　　시　　분 ～ 　시　　분

확인

◆ **원기둥의 겉넓이(1)** ◆

🐸 다음 원기둥을 보고 물음에 답하시오. [1~3]

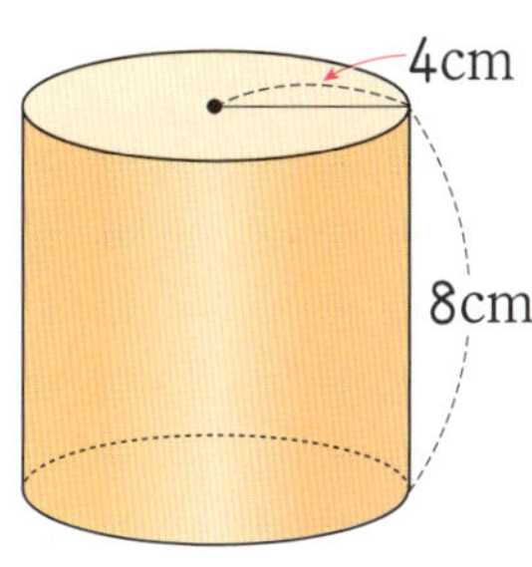

1 원기둥의 한 밑면의 넓이를 구하시오.

[식]　　　　　　　　　　　　　[답]

2 원기둥의 옆넓이를 구하시오.

[식]　　　　　　　　　　　　　[답]

3 원기둥의 겉넓이를 구하시오.

[식]　　　　　　　　　　　　　[답]

사고력 학습

🐸 다음 원기둥의 겉넓이를 구하시오. [4~9]

4

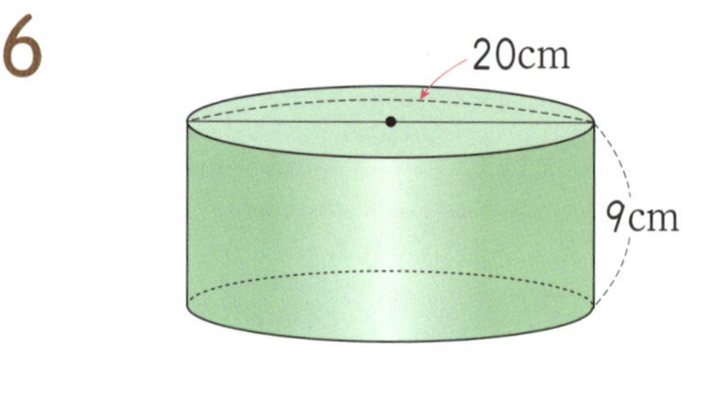

[답]

5

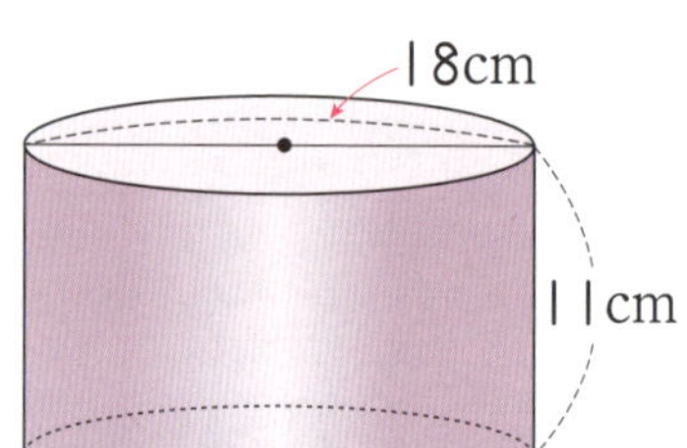

[답]

6

[답]

7

[답]

8

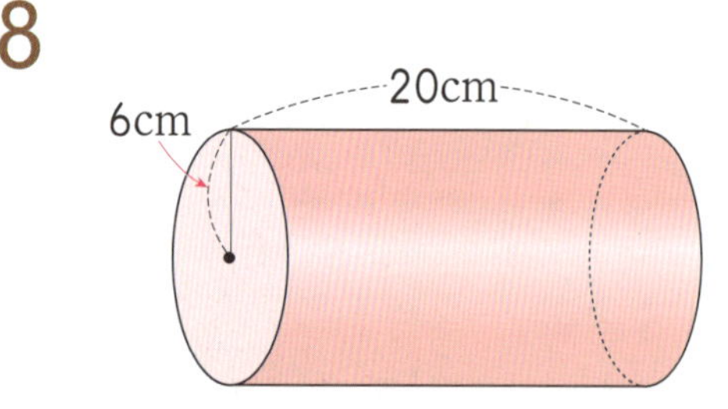

[답]

9

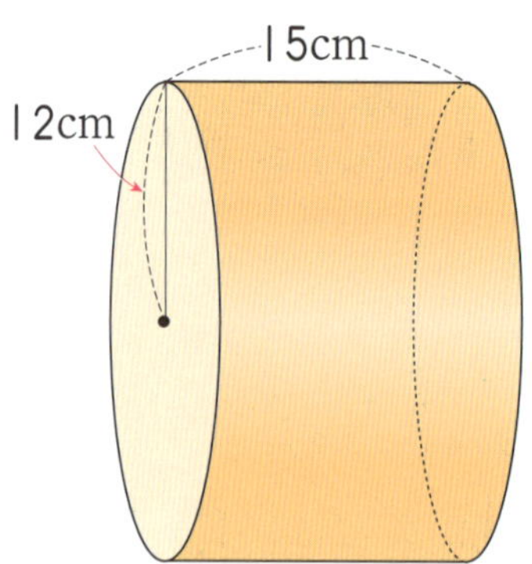

[답]

◆ **원기둥의 겉넓이**(2) ◆

🐸 다음 원기둥의 전개도를 접었을 때 생기는 원기둥의 겉넓이를 구하려고 합니다. 물음에 답하시오. [1~3]

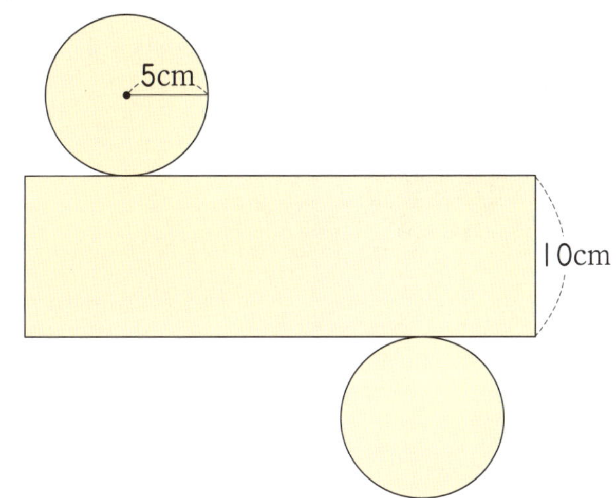

1 원기둥의 한 밑면의 넓이를 구하시오.

[식]　　　　　　　　　　　　　　　[답]

2 원기둥의 옆넓이를 구하시오.

[식]　　　　　　　　　　　　　　　[답]

3 원기둥의 겉넓이를 구하시오.

[식]　　　　　　　　　　　　　　　[답]

다음 원기둥의 전개도를 접었을 때 생기는 원기둥의 겉넓이를 구하시오. [4~7]

4

5

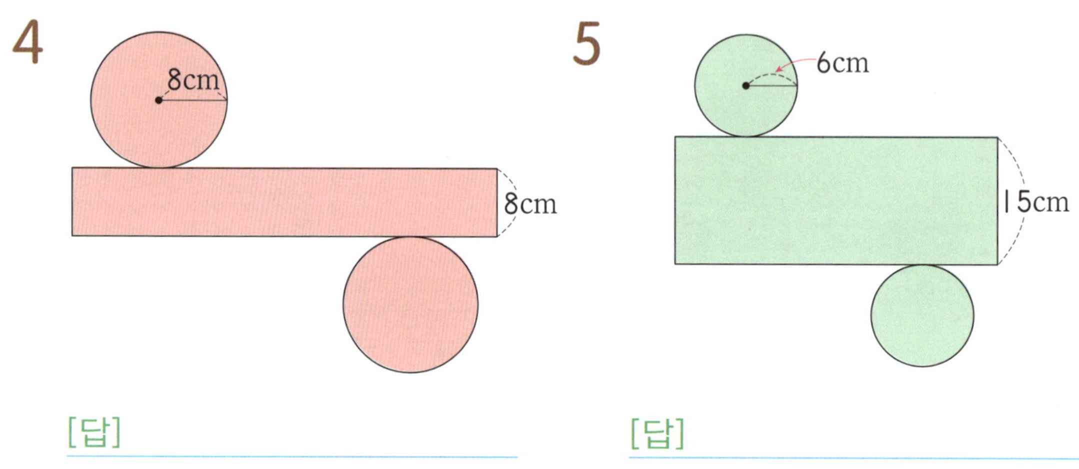

[답]

[답]

6

7

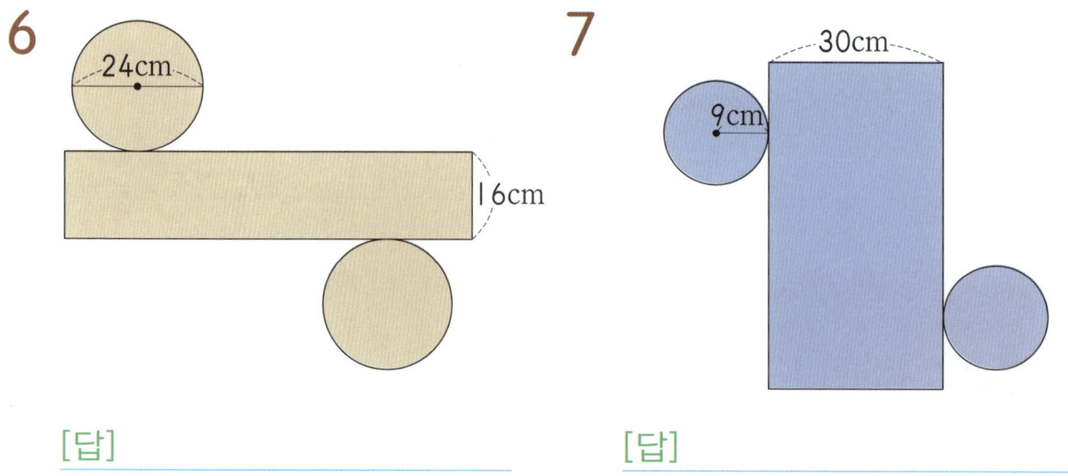

[답]

[답]

◆ **원기둥의 겉넓이(3)** ◆

다음 원기둥의 전개도를 접었을 때 생기는 원기둥의 겉넓이를 구하려고 합니다. 물음에 답하시오. [1~4]

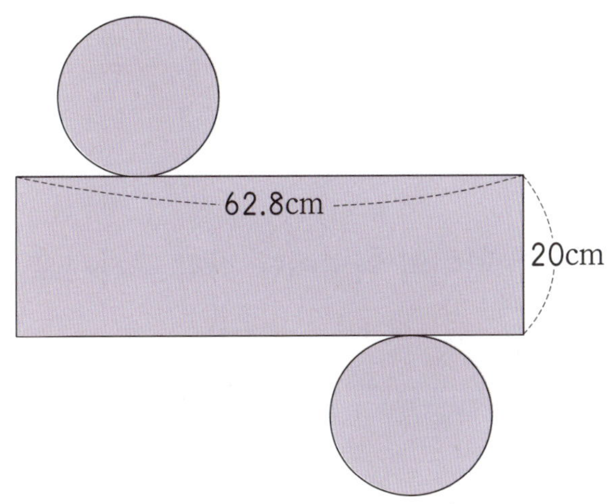

1 원기둥의 밑면의 반지름의 길이를 구하시오.

[답]

2 원기둥의 한 밑면의 넓이를 구하시오.

[답]

3 원기둥의 옆넓이를 구하시오.

[답]

4 원기둥의 겉넓이를 구하시오.

[답]

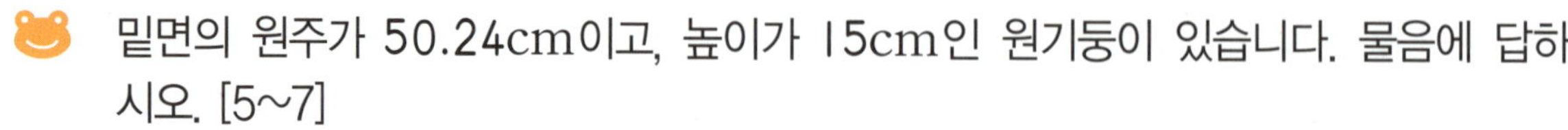 밑면의 원주가 50.24cm이고, 높이가 15cm인 원기둥이 있습니다. 물음에 답하시오. [5~7]

5 원기둥의 밑면의 지름은 몇 cm입니까?

[답]

6 원기둥의 한 밑면의 넓이와 옆넓이를 각각 구하시오.

[답]

7 원기둥의 겉넓이는 몇 cm²입니까?

[답]

8 다음 그림은 밑면의 원주가 75.36cm이고, 높이가 6cm인 원기둥입니다. 이 원기둥의 겉넓이를 구하시오.

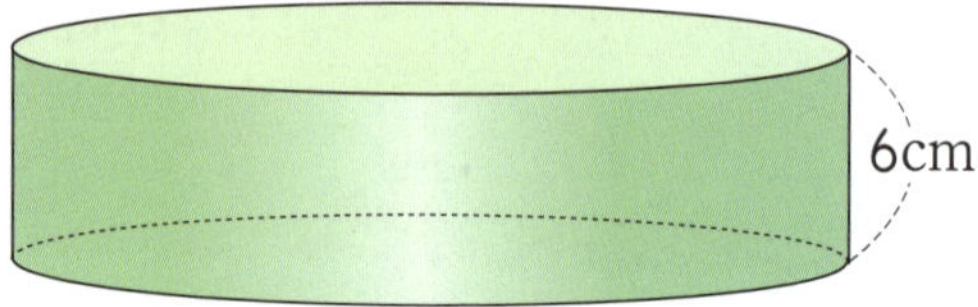

[답]

◆ 원기둥의 겉넓이(4) ◆

다음 직사각형을 가로와 세로를 회전축으로 하여 각각 한 번 돌려서 회전체를 만들었습니다. 물음에 답하시오. [1~2]

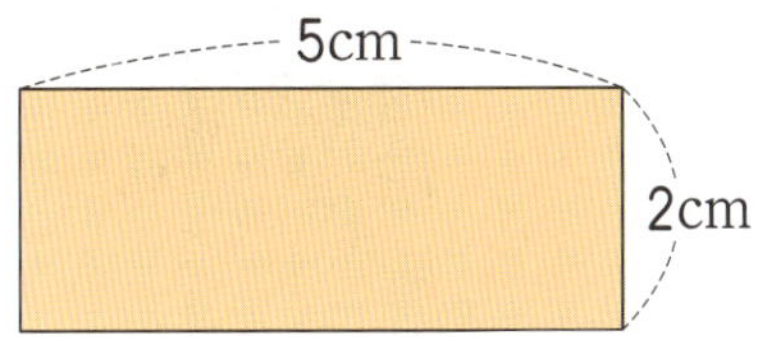

1 가로를 회전축으로 하여 한 번 돌려 얻는 입체도형의 겉넓이를 구하시오.

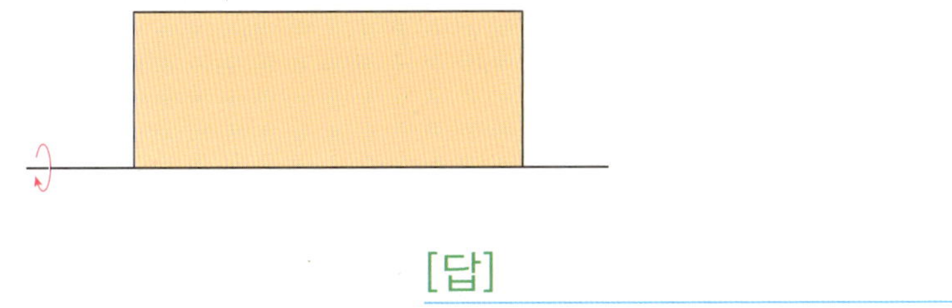

[답]

2 세로를 회전축으로 하여 한 번 돌려 얻는 입체도형의 겉넓이를 구하시오.

[답]

다음 직사각형을 가로와 세로를 회전축으로 하여 각각 한 번 돌려서 회전체를 만들었습니다. 물음에 답하시오. [3~5]

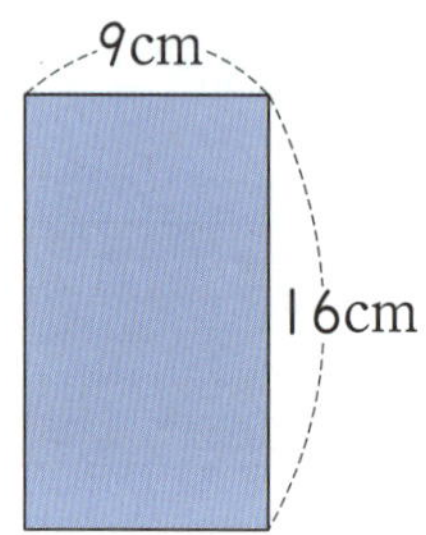

3 가로를 회전축으로 하여 한 번 돌려 얻는 입체도형의 겉넓이를 구하시오.

[답]

4 세로를 회전축으로 하여 한 번 돌려 얻는 입체도형의 겉넓이를 구하시오.

[답]

5 가로와 세로 중 어느 것을 회전축으로 하여 한 번 돌려 얻는 입체도형의 겉넓이가 얼마나 더 큽니까?

[답]

사고력 학습

✿ 이름 :

✿ 날짜 :

✿ 시간 :　　시　　분 ~　　시　　분

확인

◆ **원기둥의 겉넓이(5)** ◆

1 다음과 같은 원기둥 모양의 저금통의 옆면을 겹치지 않게 빈틈없이 색종이로 감싸려고 합니다. 필요한 색종이의 넓이는 몇 cm^2입니까?

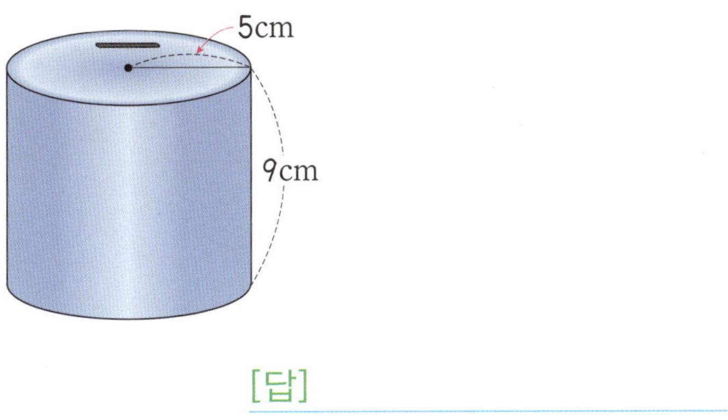

[답]

2 다음 원기둥의 옆넓이가 $502.4cm^2$일 때, 밑면의 지름의 길이를 구하시오.

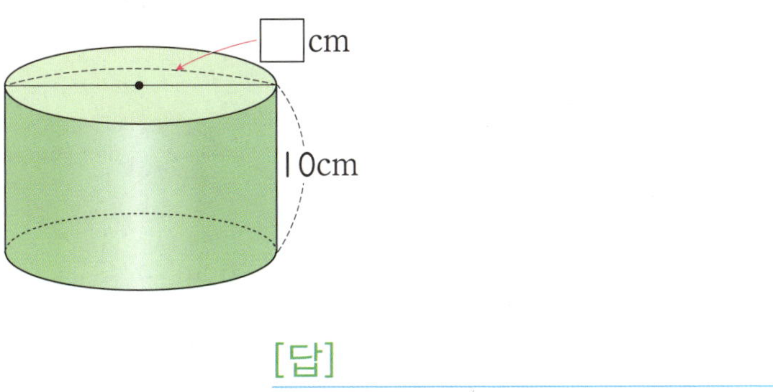

[답]

사고력 학습

3 옆넓이가 188.4cm²이고, 높이가 6cm인 원기둥의 밑면의 반지름의 길이는 몇 cm입니까?

[답]

4 밑면의 반지름의 길이가 3cm이고, 겉넓이가 131.88cm²인 원기둥의 높이는 몇 cm입니까?

[답]

5 다음과 같은 반원기둥 모양의 입체도형의 겉넓이를 구하시오.

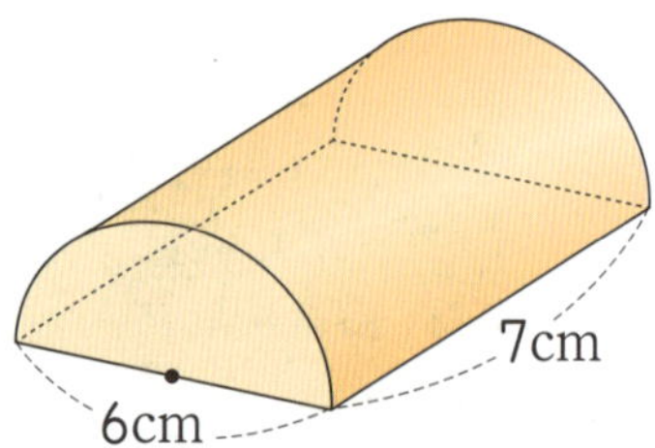

[답]

사고력 학습

◆ 원기둥의 부피 구하는 방법(1) ◆

$$(\text{원기둥의 부피}) = (\text{원주의 } \tfrac{1}{2}) \times (\text{반지름}) \times (\text{높이})$$
$$= (\text{한 밑면의 넓이}) \times (\text{높이})$$

🐸 원기둥을 그림과 같이 한없이 잘게 잘라 붙여서 직육면체를 만들었습니다. 물음에 답하시오. [1~4]

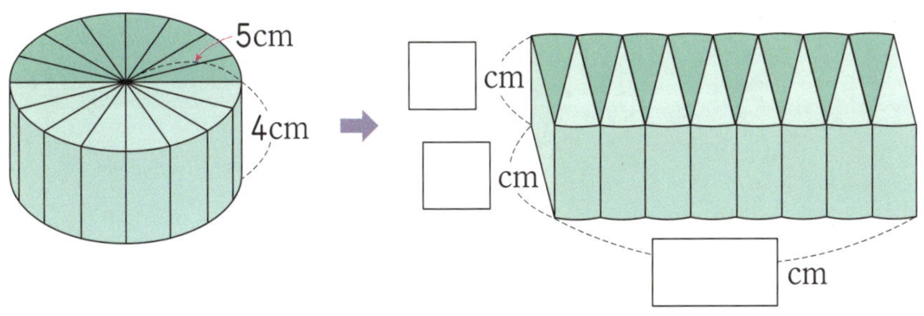

1 위 직육면체의 □ 안에 알맞은 수를 써넣으시오.

2 직육면체의 한 밑면의 넓이는 원기둥의 무엇의 넓이와 같습니까?

[답] ________________

3 직육면체의 부피를 구하시오.

[답] ________________

4 원기둥의 부피를 구하시오.

[답] ________________

원기둥을 그림과 같이 한없이 잘게 잘라 직육면체를 만들었습니다. 물음에 답하시오. [5~8]

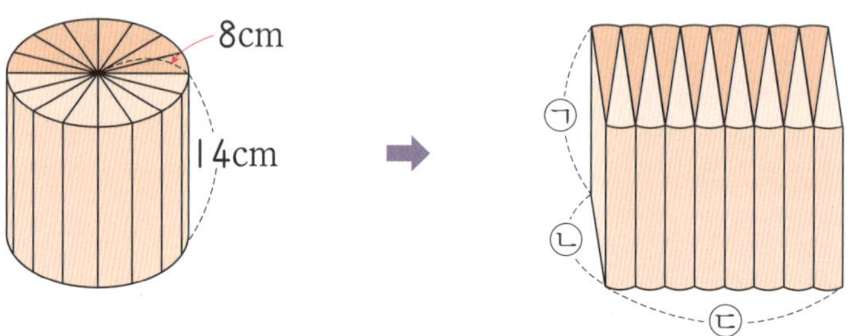

5 ㉠, ㉡, ㉢의 길이를 구하시오.

[답]

6 직육면체의 부피를 구하시오.

[답]

7 원기둥의 부피를 구하시오.

[답]

8 원기둥의 부피 구하는 식을 완성하시오.

$$(\text{원기둥의 부피}) = ㉢ \times ㉡ \times ㉠$$

$$= (\text{원주의 } \frac{1}{2}) \times (\text{반지름}) \times (\text{높이})$$

$$= \boxed{} \times (\text{높이})$$

◆ **원기둥의 부피 구하는 방법**(2) ◆

1 원기둥을 한없이 잘게 잘라 이어 붙여서 다음과 같은 직육면체를 만들었습니다. 원래 원기둥의 부피는 몇 cm^3입니까?

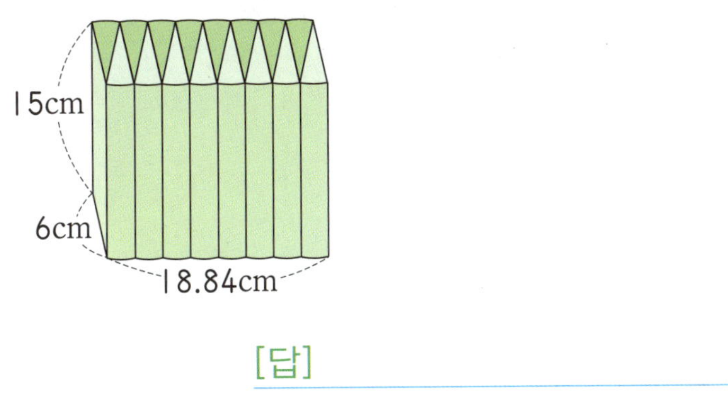

[답]

🐸 다음 원기둥을 보고 ☐ 안에 알맞은 수를 써넣으시오. [2~3]

2 부피 628cm^3

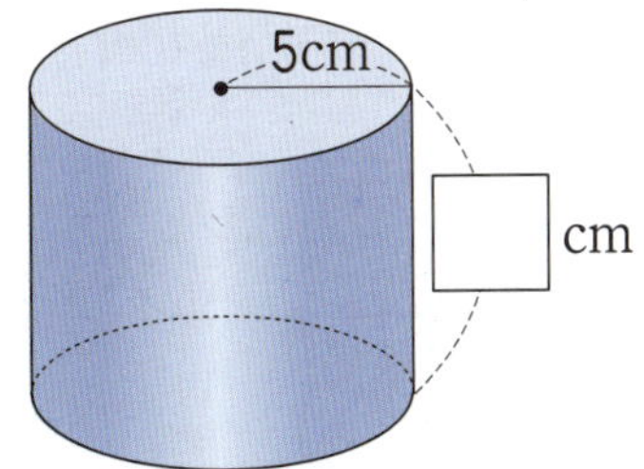

3 부피 602.88cm^3

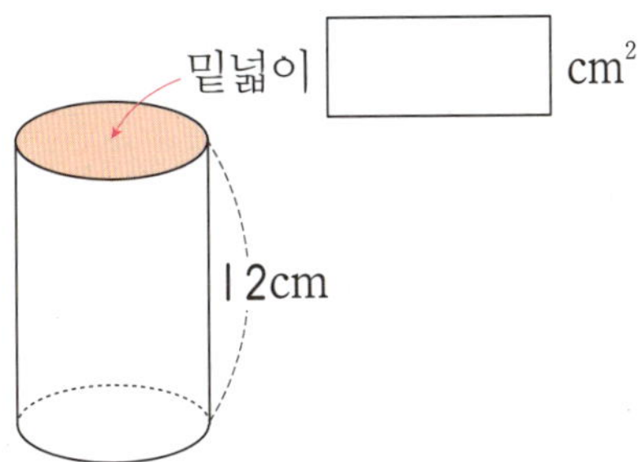

🐸 다음 원기둥의 부피를 구하시오. [4~9]

4

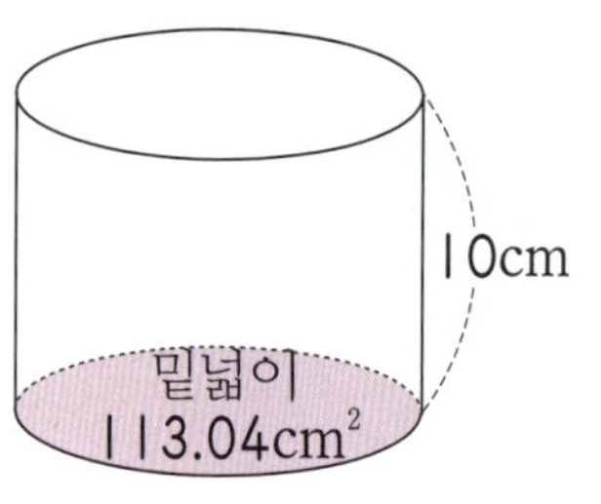

[답] _______________

5

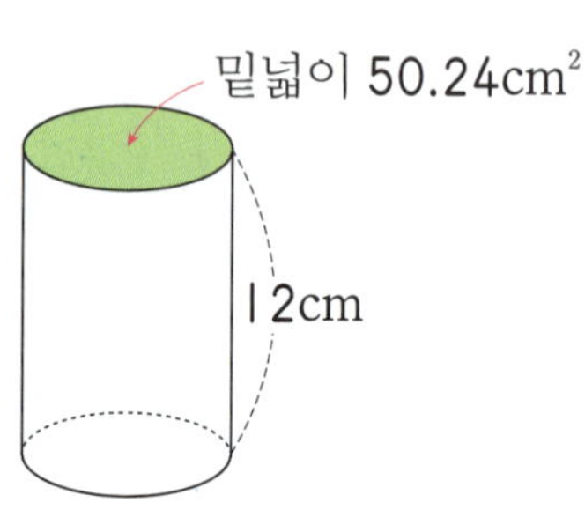

[답] _______________

6

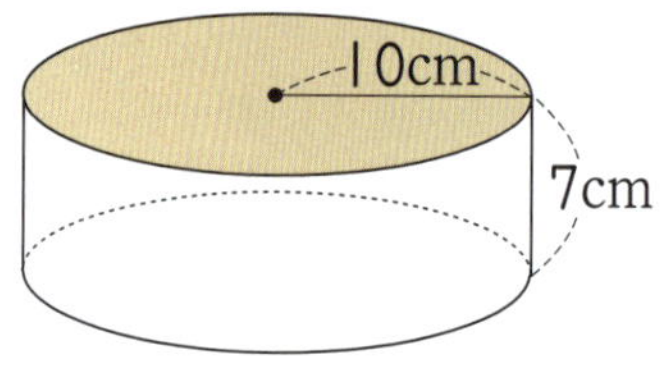

[답] _______________

7

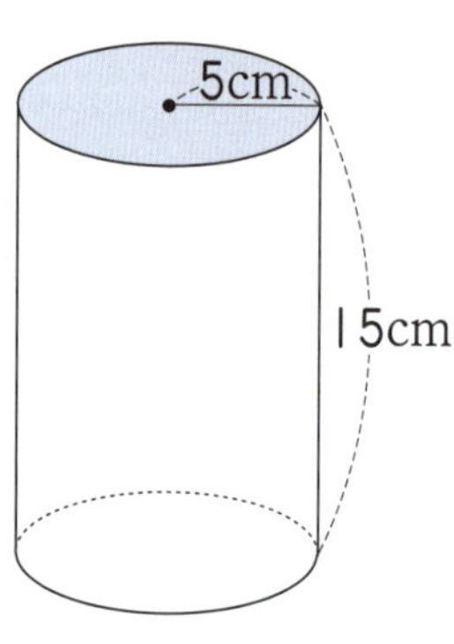

[답] _______________

8

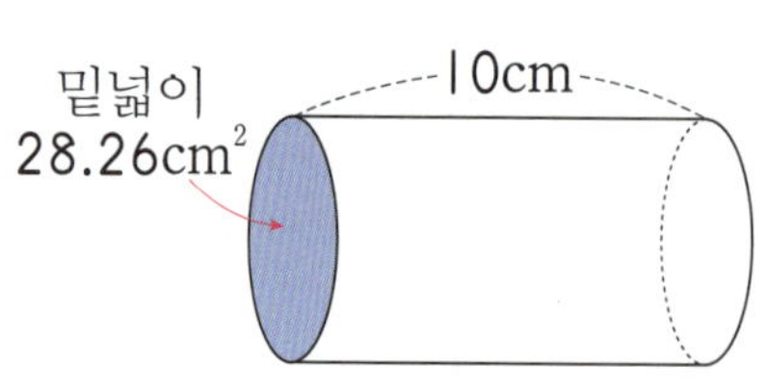

[답] _______________

9

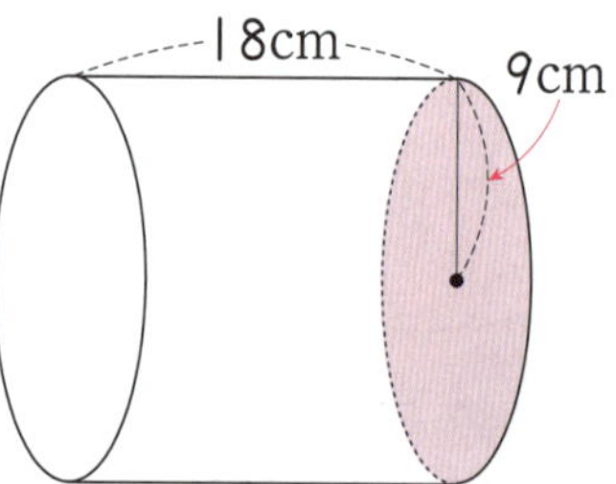

[답] _______________

사고력 학습

◆ 원기둥의 부피(1) ◆

다음 원기둥의 전개도를 접었을 때 생기는 원기둥의 부피를 구하려고 합니다. 물음에 답하시오. [1~3]

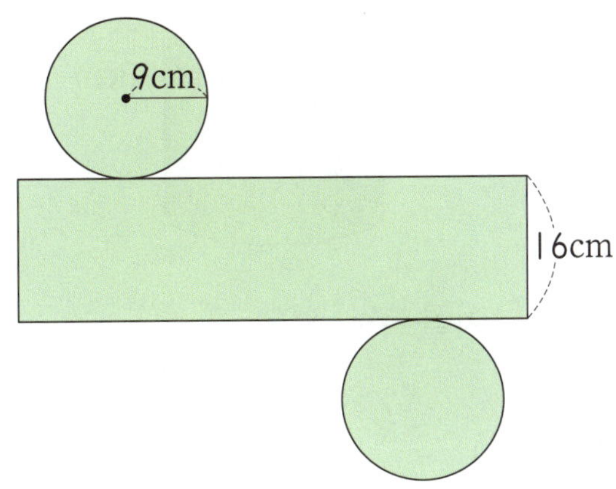

1 원기둥의 한 밑면의 넓이를 구하시오.

[답]

2 원기둥의 높이는 몇 cm 입니까?

[답]

3 원기둥의 부피를 구하시오.

[답]

사고력 학습

다음 원기둥의 부피를 구하려고 합니다. 물음에 답하시오. [4~5]

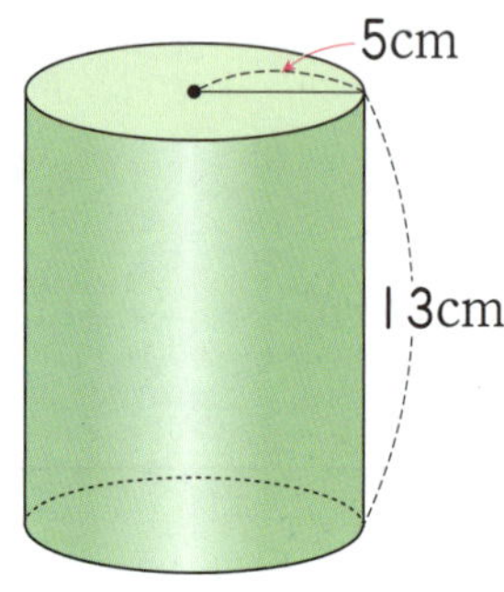

4 원기둥의 한 밑면의 넓이를 구하시오.

[답]

5 원기둥의 부피를 구하시오.

[답]

6 다음 원기둥의 한 밑면의 넓이와 부피를 각각 구하시오.

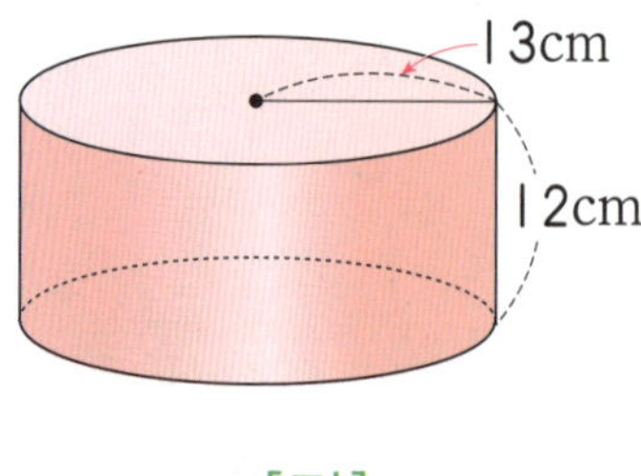

[답]

✿ 이름 :

✿ 날짜 :

✿ 시간 :　　시　　분 ~ 　　시　　분

확인

◆ 원기둥의 부피(2) ◆

🐸 다음 원기둥의 부피를 구하시오. [1~6]

1

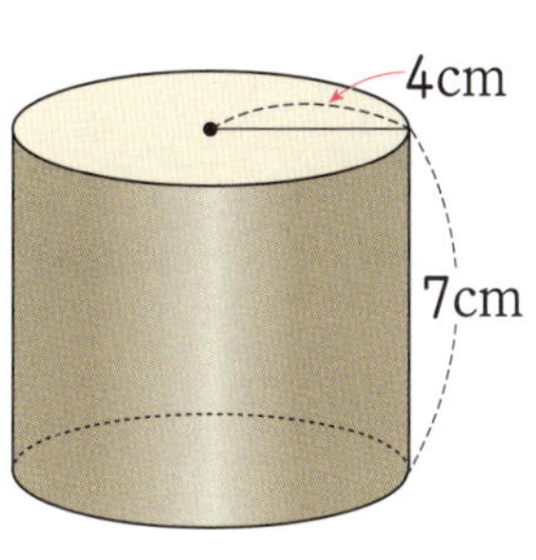

[답]

2

[답]

3

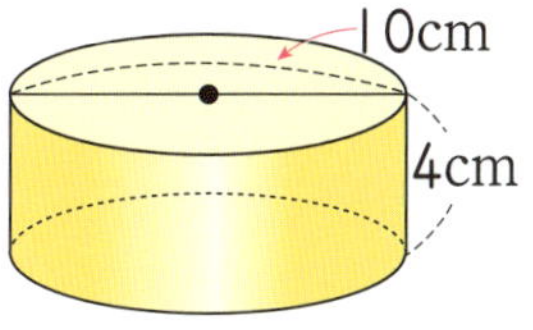

[답]

4

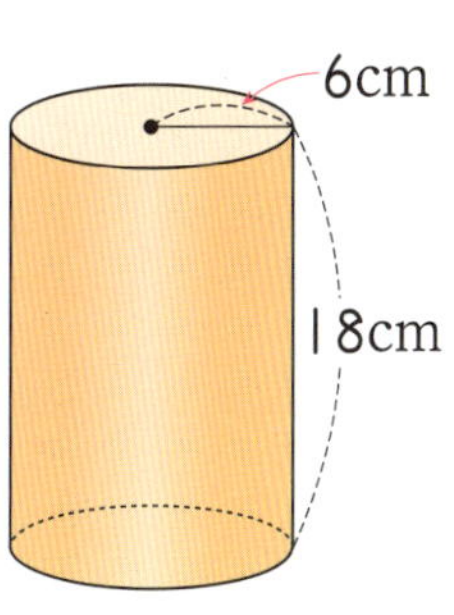

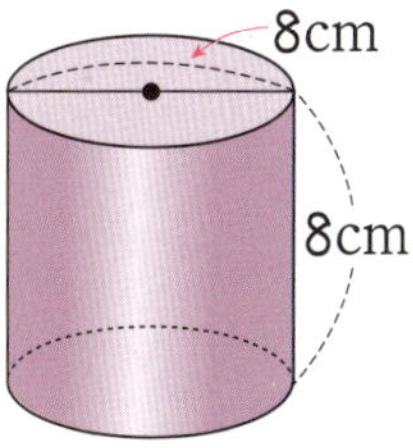

[답]

5

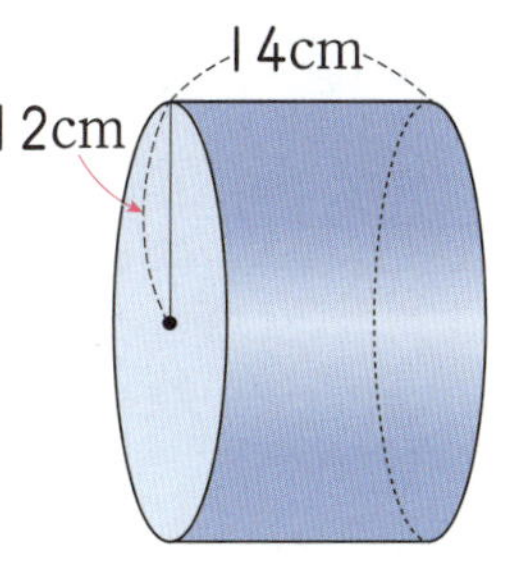

[답]

6

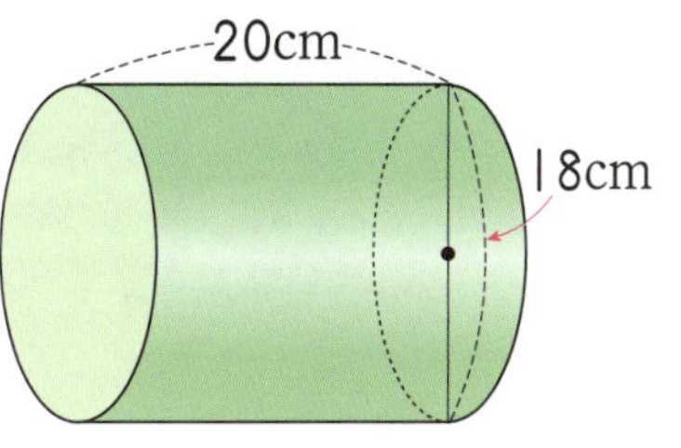

[답]

사고력 학습

다음 원기둥의 전개도를 접었을 때 생기는 원기둥의 부피를 구하려고 합니다. 물음에 답하시오. [7~10]

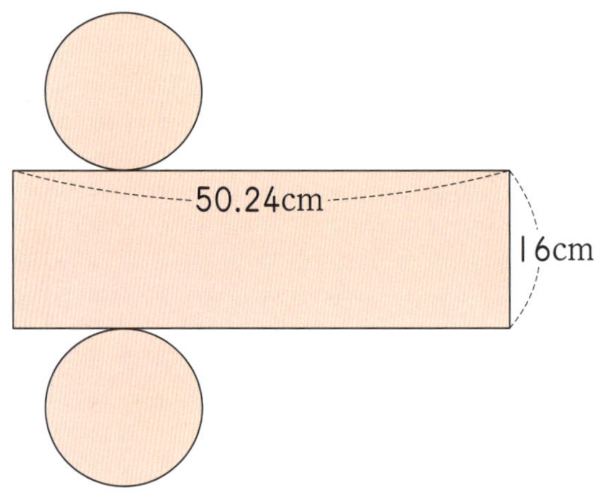

7 원기둥의 밑면의 반지름의 길이를 구하시오.

[답]

8 원기둥의 한 밑면의 넓이를 구하시오.

[답]

9 원기둥의 높이는 몇 cm입니까?

[답]

10 원기둥의 부피를 구하시오.

[답]

사고력 학습

✿ 이름 :

✿ 날짜 :

✿ 시간 :   시   분 ~   시   분

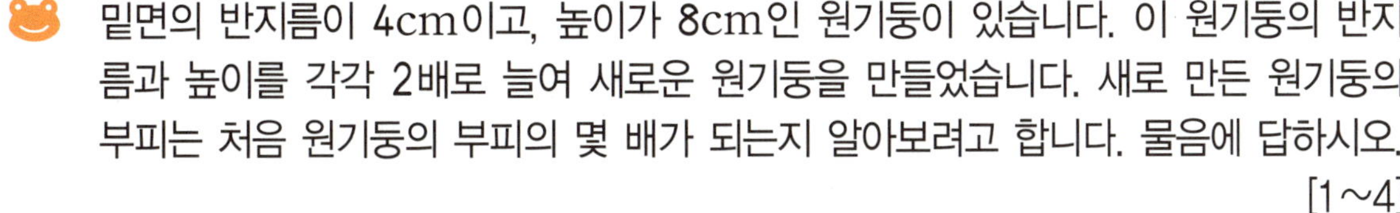

◆ 원기둥의 부피(3) ◆

밑면의 반지름이 4cm이고, 높이가 8cm인 원기둥이 있습니다. 이 원기둥의 반지름과 높이를 각각 2배로 늘여 새로운 원기둥을 만들었습니다. 새로 만든 원기둥의 부피는 처음 원기둥의 부피의 몇 배가 되는지 알아보려고 합니다. 물음에 답하시오.

[1~4]

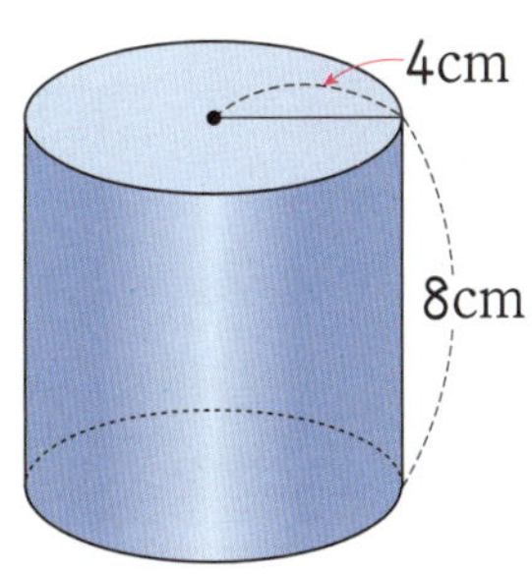

1 처음 원기둥의 부피를 구하시오.

[답]

2 새로 만든 원기둥의 밑면의 반지름의 길이와 높이를 각각 구하시오.

[답]

3 새로 만든 원기둥의 부피를 구하시오.

[답]

4 새로 만든 원기둥의 부피는 처음 원기둥 부피의 몇 배가 됩니까?

[답]

5 나 그릇은 가 그릇의 반지름과 높이를 2배로 늘여서 만든 것입니다. 나 그릇의 들이는 가 그릇의 들이의 몇 배인지 구하시오.

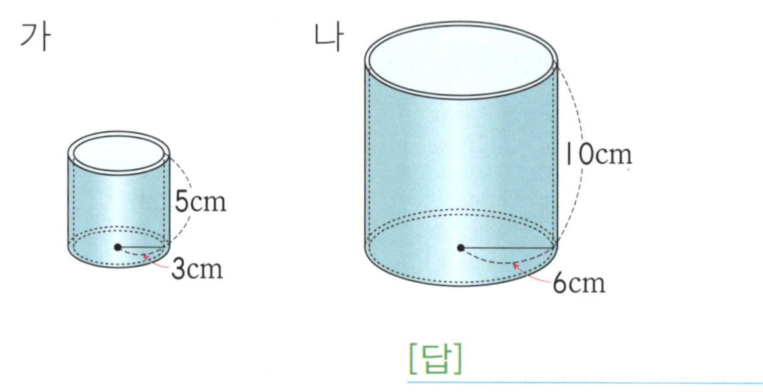

[답] ______________________________

6 밑면의 반지름이 10cm이고, 높이가 12cm인 원기둥이 있습니다. 이 원기둥의 반지름과 높이를 각각 $\frac{1}{2}$배로 줄여서 새로운 원기둥을 만들었습니다. 처음 원기둥과 새로 만든 원기둥의 부피를 각각 구하고, 새로 만든 원기둥의 부피는 처음 원기둥의 부피의 몇 배가 되는지 구하시오.

[처음 원기둥의 부피] ______________________________

[새로 만든 원기둥의 부피] ______________________________

[답] ______________________________

* 이름 :
* 날짜 :
* 시간 :　시　분 ~　시　분

◆ 원기둥의 부피(4) ◆

1 다음과 같은 두 원기둥의 부피의 차를 구하시오.

> ㉠ 밑면의 반지름이 5cm이고, 높이가 9cm인 원기둥
> ㉡ 밑면의 지름이 12cm이고, 높이가 8cm인 원기둥

[답]

2 부피가 942cm³이고 높이가 12cm인 원기둥이 있습니다. 이 원기둥의 밑면의 반지름은 몇 cm입니까?

[답]

3 다음과 같은 입체도형의 부피를 구하시오.

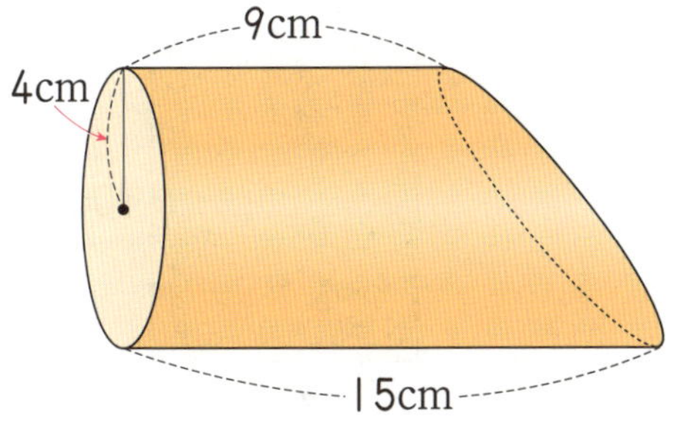

[답]

사고력 학습

4 다음 그림과 같이 가운데가 비어 있는 원기둥 모양의 입체도형의 부피는 몇 cm³인지 구하시오.

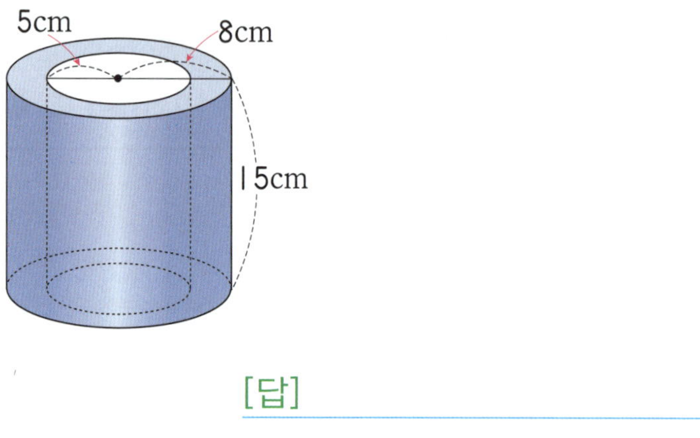

[답]

5 다음과 같은 직사각형의 가로와 세로를 각각 회전축으로 하여 한 번 돌리면 회전체가 생깁니다. 가로와 세로 중 어느 것을 회전축으로 한 것의 부피가 얼마나 더 큽니까?

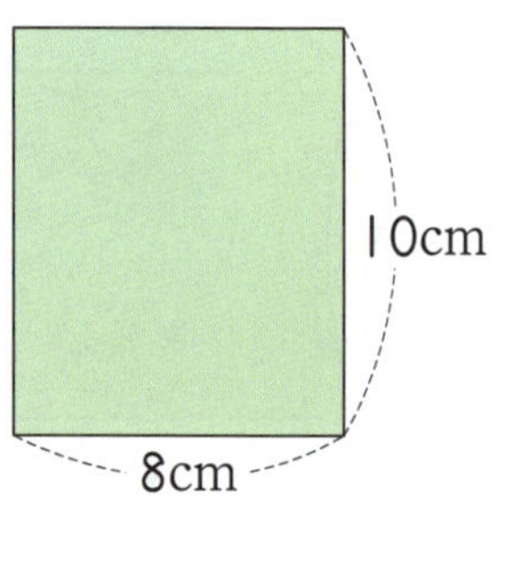

[답]

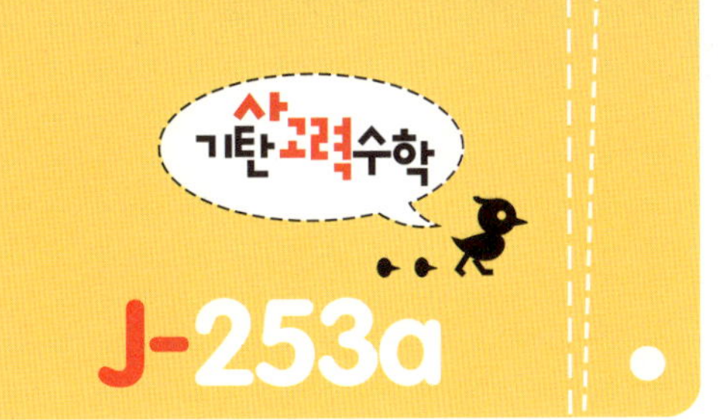

- 이름 :
- 날짜 :
- 시간 : 시 분 ~ 시 분

확인

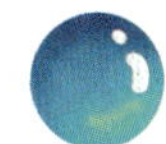

창의력 학습

원돌이에게 다음과 같이 예쁜 옷을 만들어 주려고 해요. 필요한 옷감의 넓이는 몇 cm^2인지 구해 볼까요?

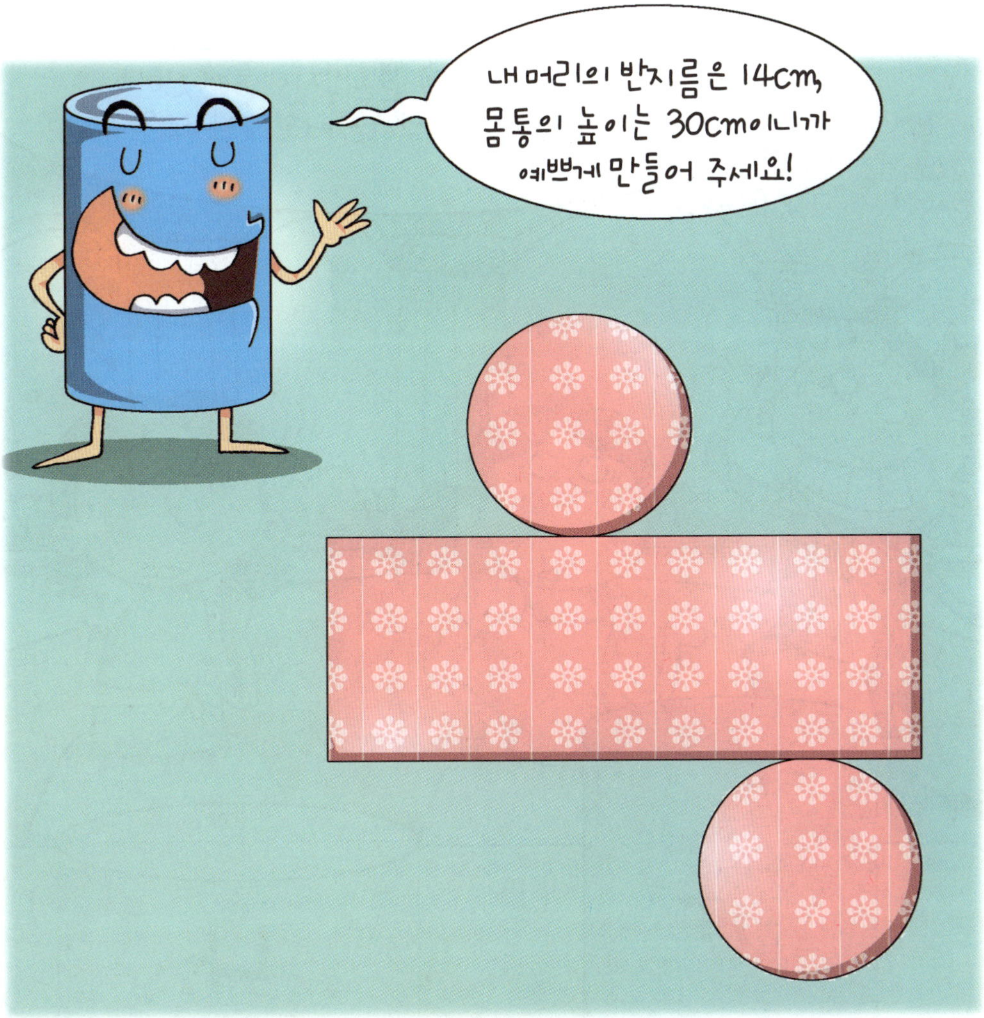

[답]

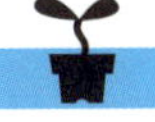

J-253b

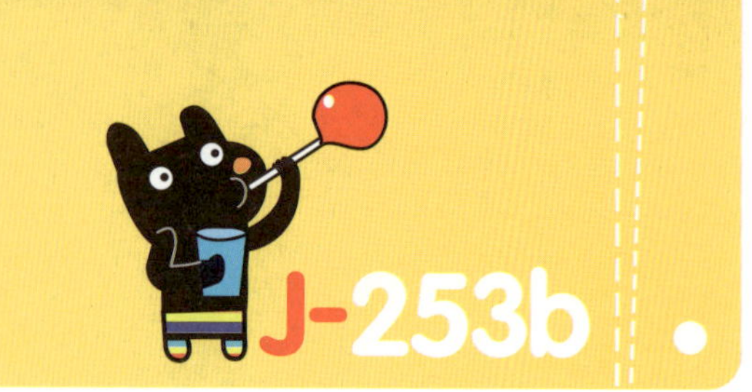

겨자씨 왕자가 신부를 찾고 있어요. 보라 낭자와 연두 소녀가 최종 후보로 다음과 같은 문제를 풀어야 해요. 겨자씨 왕자는 이 문제를 맞힌 후보와 결혼을 할 거예요. 겨자씨 왕자의 신부가 된 사람은 누구일까요?

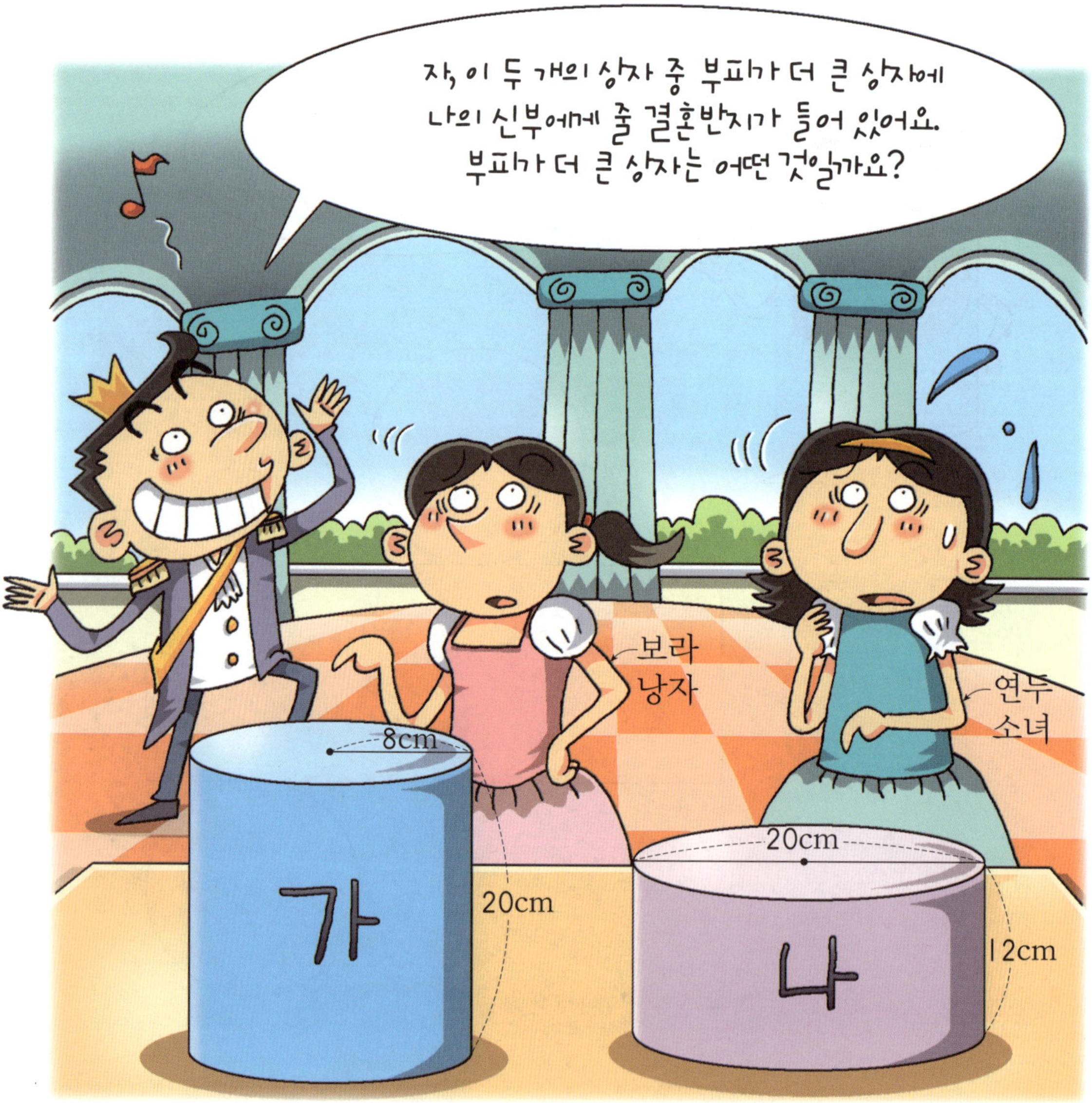

[답]

J-254a

 경시대회 예상문제

다음 평면도형을 회전축을 중심으로 하여 한 번 돌렸을 때 만들어지는 입체도형에 대하여 물음에 답하시오. [1~2]

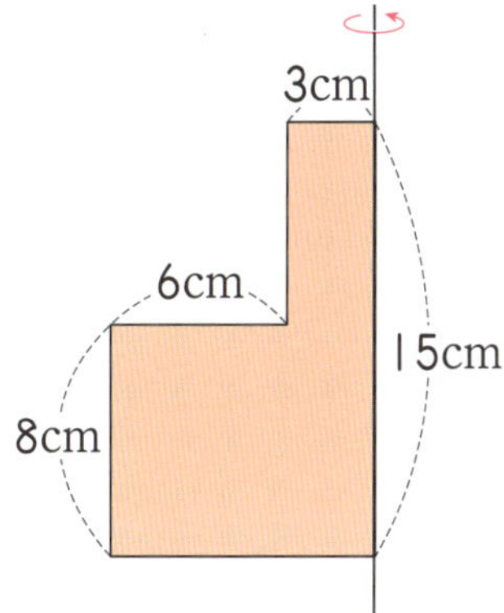

1 만들어진 입체도형의 겉넓이를 구하시오.

[답]

2 만들어진 입체도형의 부피를 구하시오.

[답]

3 높이가 9cm이고, 옆넓이가 282.6cm^{2}인 원기둥이 있습니다. 이 원기둥의 한 밑면의 넓이를 구하시오.

[답]

4 밑면의 반지름이 7cm이고, 겉넓이가 747.32cm^{2}인 원기둥의 부피는 몇 cm^{3}인지 풀이 과정을 쓰고 답을 구하시오.

[답]

5 다음 원기둥 모양의 롤러에 물감을 묻혀 두 바퀴 굴렸을 때, 물감이 묻은 면의 넓이를 구하려고 합니다. 풀이 과정을 쓰고 답을 구하시오.

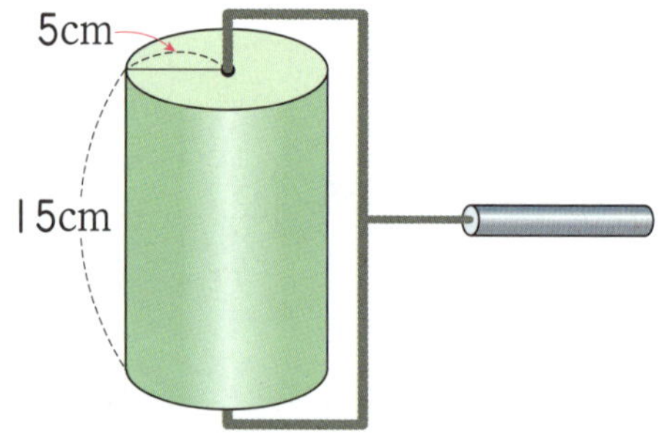

[답]

6 다음은 원기둥의 일부를 자른 것입니다. 이 입체도형의 부피는 몇 cm^3입니까?

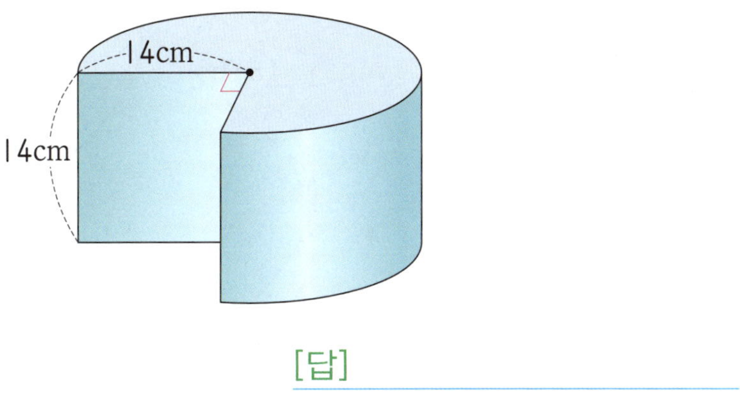

[답]

7 안치수가 다음과 같은 원기둥 모양의 통에 물을 339.12mL 넣었더니 통의 $\dfrac{1}{3}$만큼 물이 찼습니다. 이 통의 높이를 구하시오.

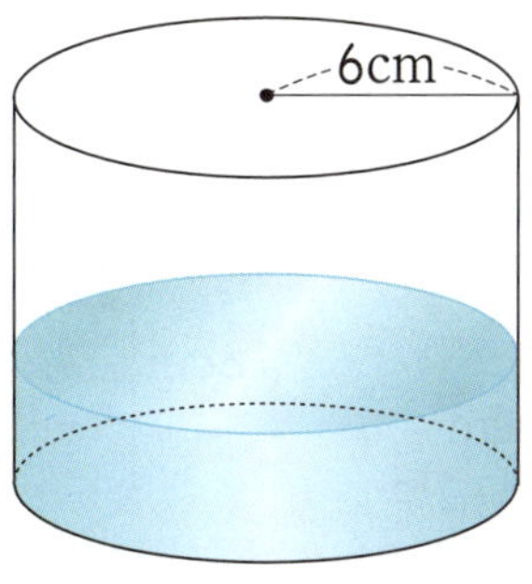

[답]

8 물이 가득 차 있는 물통을 다음과 같이 기울였습니다. 남은 물의 부피는 몇 cm³입니까?

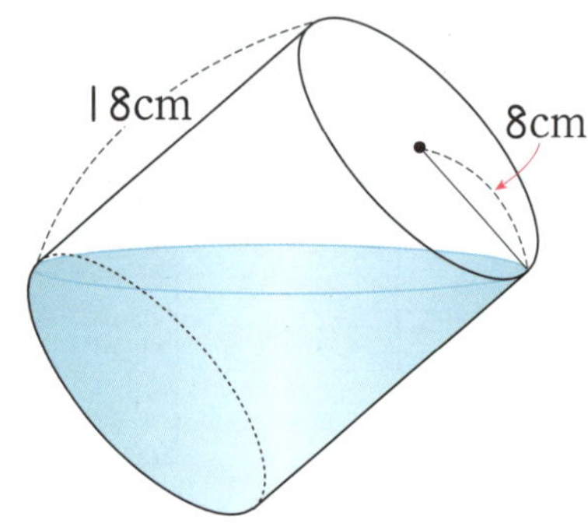

[답]

9 원기둥 모양의 수조에 18cm까지 물이 들어 있습니다. 이 수조에 다음과 같은 원기둥 모양의 컵을 이용하여 물을 가득 채우려면 적어도 물을 몇 번 부어야 합니까?

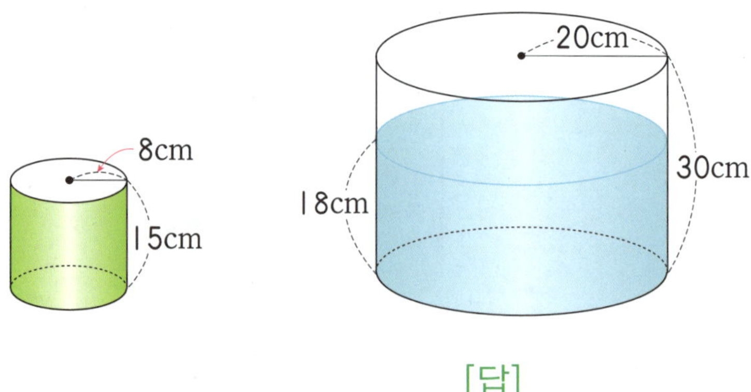

[답]

학습 관리표

학습 내용		이번 주는?
경우의 수와 확률	· 경우의 수 · 두 가지 일이 동시에 일어나는 경우의 수 · 순서가 있는 경우의 수 · 여러 가지 경우의 수 · 확률 · 두 가지 일이 동시에 일어날 경우의 확률 · 창의력 학습 · 경시대회 예상문제	• 학습 방법 : ① 매일매일　② 가끔　③ 한꺼번에 　하였습니다. • 학습 태도 : ① 스스로 잘　② 시켜서 억지로 　하였습니다. • 학습 흥미 : ① 재미있게　② 싫증내며 　하였습니다. • 교재 내용 : ① 적합하다고　② 어렵다고　③ 쉽다고 　하였습니다.

지도 교사가 부모님께	부모님이 지도 교사께

평가	Ⓐ 아주 잘함	Ⓑ 잘함	Ⓒ 보통	Ⓓ 부족함

원(교)　　　반　이름　　　전화

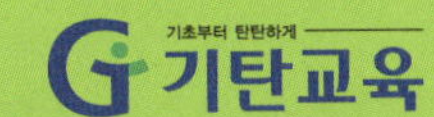

www.gitan.co.kr / (02)586-1007(대)

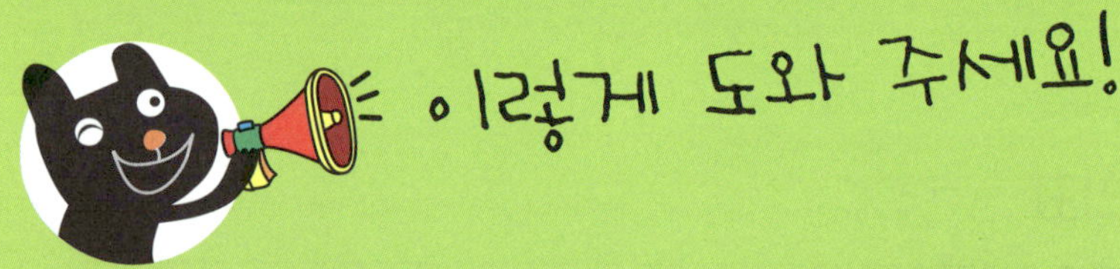

● 학습 목표
- 경우의 수의 뜻을 이해할 수 있습니다.
- 어떤 일이 일어나는 경우의 수를 구할 수 있습니다.
- 두 가지 일이 동시에 일어나는 일의 경우의 수를 구할 수 있습니다.
- 순서가 있는 경우의 수를 구할 수 있습니다.
- 여러 가지 경우의 수를 구할 수 있습니다.
- 확률의 의미를 이해하고, 여러 가지 경우의 확률을 구할 수 있습니다.

● 지도 내용
- 생활 장면의 구체적인 예를 통하여 경우의 수의 뜻을 이해하게 합니다.
- 한 가지 또는 두 가지 일이 동시에 일어나는 일의 경우의 수를 이해하게 합니다.
- 순서가 있는 경우의 수를 이해하게 합니다.
- 생활에서 경험할 수 있는 구체적인 상황에서 여러 가지 경우의 수를 구하여 보게 합니다.
- 확률의 의미를 이해하게 합니다.
- 구체적인 경우의 예를 통하여 모든 경우의 수에 대한 특정 경우의 수의 비율로 확률을 이해하고, 여러 가지 경우의 확률을 구하게 합니다.

● 지도 요점
어떤 일이 일어날 수 있는 경우의 수의 의미를 알아보고, 여러 가지 경우의 수를 구하고, 어떤 일이 일어날 모든 경우의 수에 대한 특정 경우의 수의 비율인 확률을 알아보게 함으로써 중학교 2학년에서 배우게 될 확률의 기초를 이룰 수 있게 지도합니다.

★ 이름 :

★ 날짜 :

★ 시간 :　　시　　분 ~ 　시　　분

확인

◆ **경우의 수 (1)** ◆

> 어떤 일이 일어날 수 있는 경우의 가짓수 또는 방법의 수를 경우의 수
> 라고 합니다.

1 주사위 한 개를 던질 때 나올 수 있는 눈의 경우의 수를 알아보려고 합니다.
□ 안에 알맞은 수를 써넣으시오.

(1) 주사위를 던질 때 나올 수 있는 눈의 경우는

　□ , □ , □ , □ , □ , □ 의 □ 가지입니다.

(2) 주사위를 던질 때 나올 수 있는 눈의 경우의 수는 □ 입니다.

2 100원짜리 동전 한 개를 던질 때 나올 수 있는 면의 경우를 모두 써 보고 경우의 수를 구하시오.

 □ ,  □

[답] ________________

3 가위바위보를 할 때 한 사람이 낼 수 있는 경우를 모두 써 보고 경우의 수를 구하시오.

□ , □ , □

[답] ______________________

4 송이네 집에서 할머니 댁까지 갈 수 있는 길은 지하철 노선이 2개, 버스 노선이 3개 있습니다. 송이네 집에서 할머니 댁까지 갈 수 있는 경우의 수는 얼마입니까?

[답] ______________________

5 1에서 10까지의 숫자 카드가 10장 있습니다. 숫자 카드 한 장을 뽑을 때 나올 수 있는 수의 경우의 수는 얼마입니까?

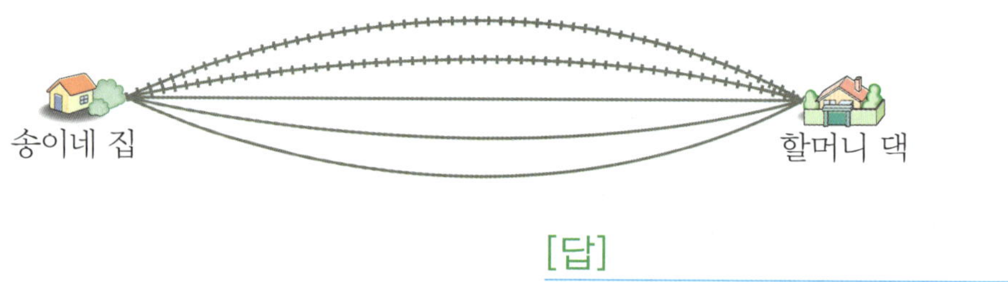

[답] ______________________

J-257a

● 이름 :

● 날짜 :

● 시간 :　시　분 ~ 시　분

◆ 경우의 수 (2) ◆

1 다음 원판에서 바늘을 돌렸다가 멈추게 했을 때, 바늘이 가리키는 경우의 수를 알아보려고 합니다. 물음에 답하시오. (다만, 바늘이 경계선 위를 가리키는 경우는 제외합니다.)

(1) 바늘이 가리킬 수 있는 수는 모두 몇 가지입니까?

[답]

(2) 바늘이 홀수를 가리키는 경우의 수는 얼마입니까?

[답]

(3) 바늘이 5보다 큰 수를 가리키는 경우의 수는 얼마입니까?

[답]

2 500원짜리 동전 한 개를 던졌을 때 앞면이 나올 경우의 수는 얼마입니까?

[답]

사고력 학습

3 주사위 한 개를 던졌을 때 2의 배수의 눈이 나오는 경우의 수는 얼마입니까?

[답]

4 1에서 10까지의 숫자 카드가 10장 있습니다. 물음에 답하시오.

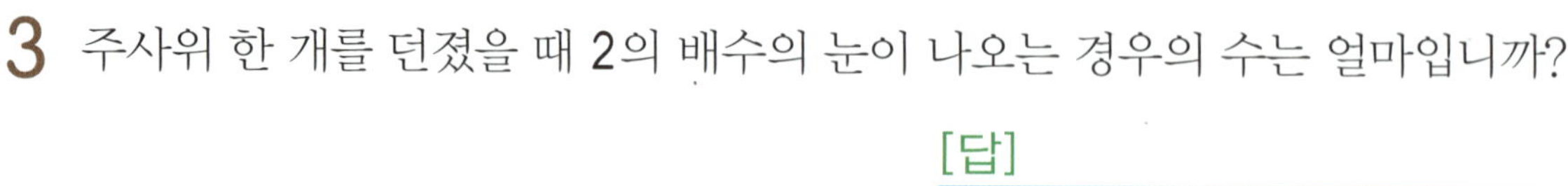

(1) 숫자 카드 중에서 한 장을 뽑을 때 나올 수 있는 경우의 수는 얼마입니까?

[답]

(2) 숫자 카드 중에서 한 장을 뽑을 때 8의 약수가 나오는 경우의 수는 얼마입니까?

[답]

5 수정이네 모둠에는 수정이를 포함한 여학생이 3명, 남학생이 3명 있습니다. 2명씩 짝을 이루어 협동 과제를 하기로 할 때 수정이가 남학생과 짝을 이루는 경우의 수는 얼마입니까?

[답]

 사고력 학습

◆ **두 가지 일이 동시에 일어나는 경우의 수 (1)** ◆

1 10원짜리 동전 한 개와 주사위 한 개를 동시에 던졌을 때 나오는 경우의 수를 알아보려고 합니다. 물음에 답하시오.

(1) 동전의 숫자면이 나왔을 때, 주사위의 눈이 나오는 모든 경우를 (동전, 주사위)로 나타내시오.

➡ (숫자면, ☐), (숫자면, ☐), (숫자면, ☐), (숫자면, ☐),

(숫자면, ☐), (숫자면, ☐)

(2) 동전의 그림면이 나왔을 때, 주사위의 눈이 나오는 모든 경우의 수는 얼마입니까?

[답]

(3) 동전과 주사위를 동시에 던졌을 때 나오는 모든 경우의 수는 얼마입니까?

[답]

2 10원짜리 동전 한 개와 100원짜리 동전 한 개를 동시에 던질 때 나올 수 있는 경우의 수는 얼마인지 ☐ 안에 알맞은 말을 써넣고 답을 구하시오.

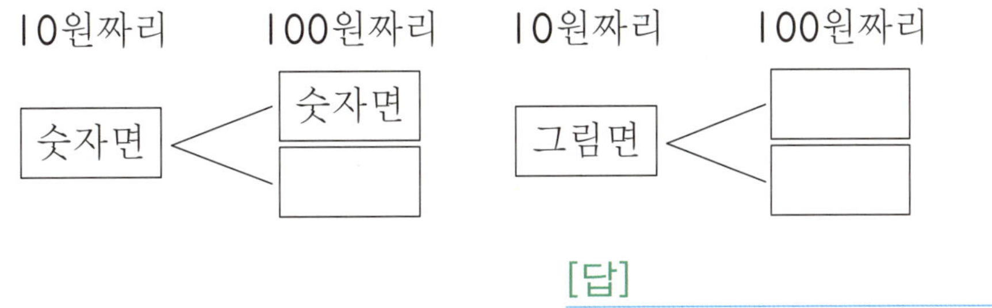

[답]

🐸 시원이와 온유가 가위바위보를 하여 나오는 경우의 수를 알아보려고 합니다. 물음에 답하시오. [3~5]

3 표를 완성하여 경우의 수를 구하시오.

시원	가위	가위						
온유	가위	바위						

[답] ____________________

4 나뭇가지 그림을 그려서 경우의 수를 구하시오.

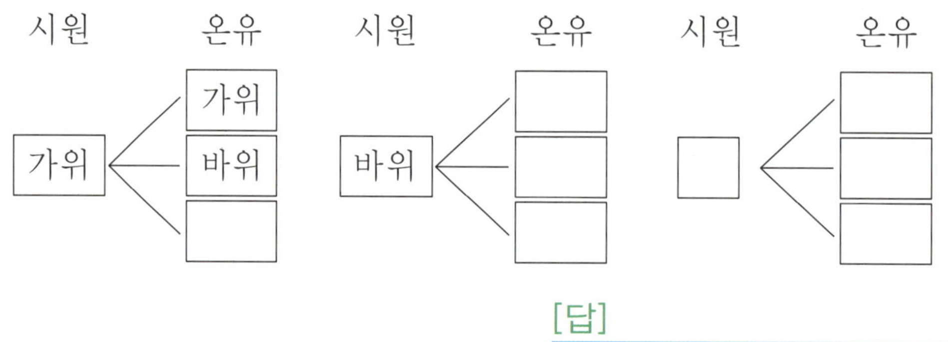

[답] ____________________

5 짝을 지어 경우의 수를 구하시오.

(시원, 온유) ➡ (가위, 가위), (가위, 바위), (＿＿, ＿＿),

(바위, ＿＿), (＿＿, ＿＿), (＿＿, ＿＿),

(＿＿, ＿＿), (＿＿, ＿＿), (＿＿, ＿＿)

[답] ____________________

✿ 이름 :

✿ 날짜 :

✿ 시간 :　　시　　분 ~　　시　　분

확인

◆ 두 가지 일이 동시에 일어나는 경우의 수 (2) ◆

1 과일 가게에서 과일을 사려고 합니다. 사과, 배, 감, 귤 네 종류의 과일 중에서 두 종류의 과일을 선택하여 사는 경우를 모두 써 보고 경우의 수를 구하시오.

(사과, 배),

[답]

2 주사위 2개를 동시에 던져서 나온 눈의 합이 4의 배수가 되는 경우의 수를 알아보려고 합니다. 물음에 답하시오.

 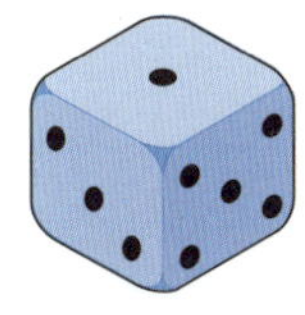

(1) 주사위 2개를 동시에 던져서 나올 수 있는 눈의 합 중에서 4의 배수를 모두 쓰시오.

[답]

(2) 나온 눈의 합이 4의 배수가 되는 경우의 수는 얼마입니까?

[답]

사고력 학습

3 성연이는 윗옷이 **3**벌, 아래옷이 **2**벌 있습니다. 성연이가 이들 옷을 바꿔 가며 입을 수 있는 경우의 수는 얼마입니까?

[답] ______________________

4 그림을 보고 사랑이네 집에서 다리를 건너 학교까지 가는 방법의 경우의 수를 구하시오.

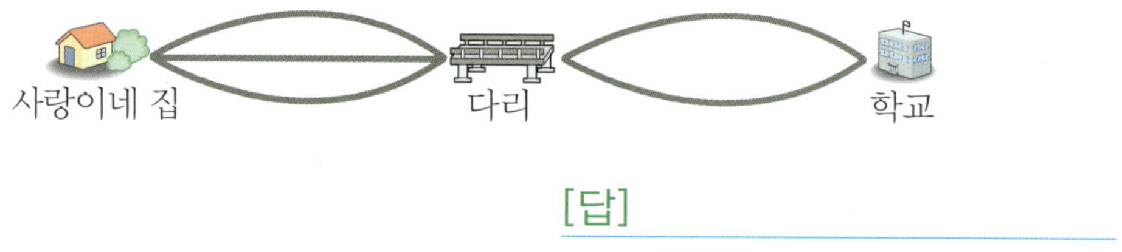

[답] ______________________

5 서로 다른 동전 **3**개를 동시에 던질 때, 동전의 면이 나올 수 있는 경우의 수를 구하시오.

[답] ______________________

사고력 학습

◆ 순서가 있는 경우의 수 (1) ◆

서정, 현상, 미송이가 한 줄로 설 수 있는 경우의 수를 알아보려고 합니다. 물음에 답하시오. [1~4]

1 서정이가 맨 앞에 설 경우, 나머지 사람이 줄을 설 수 있는 방법은 모두 몇 가지인지 □ 안에 알맞은 말을 써넣고 답을 구하시오.

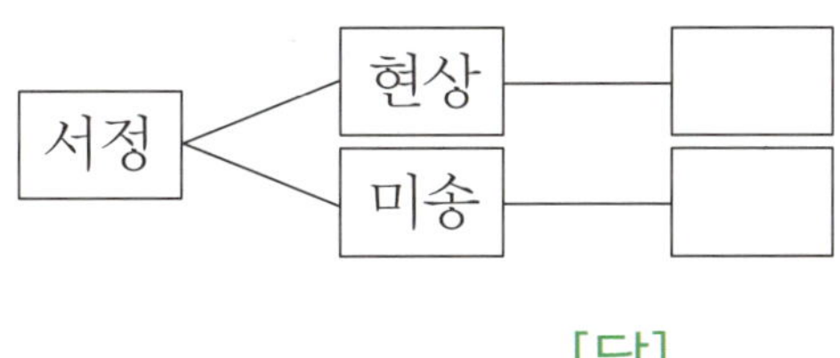

[답]

2 현상이가 맨 앞에 설 경우, 나머지 사람이 줄을 설 수 있는 방법은 모두 몇 가지인지 □ 안에 알맞은 말을 써넣고 답을 구하시오.

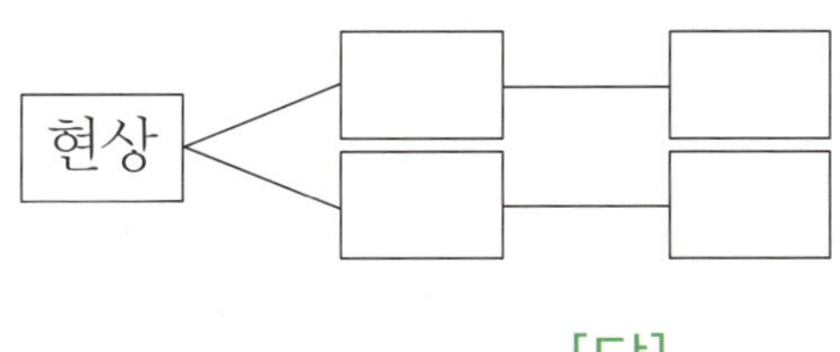

[답]

3 미송이가 맨 앞에 설 경우, 나머지 사람이 줄을 설 수 있는 방법은 모두 몇 가지인지 □ 안에 알맞은 말을 써넣고 답을 구하시오.

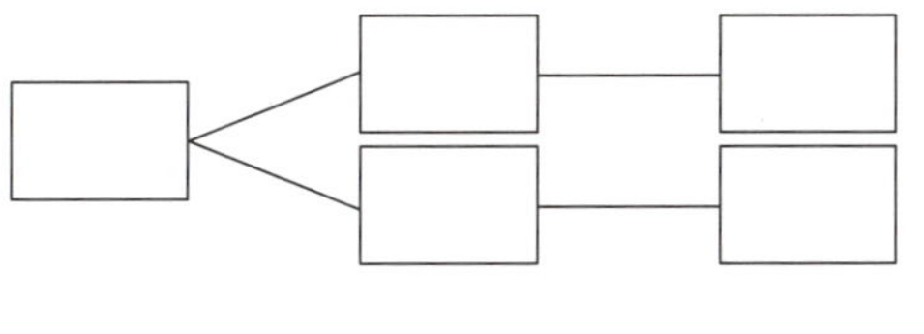

[답]

4 서정, 현상, 미송이가 한 줄로 설 수 있는 경우의 수는 얼마입니까?

[답]

다음 숫자 카드 3장을 한 장씩 늘어놓아 세 자리 수를 만들려고 합니다. 물음에 답하시오. [5~8]

5 백의 자리에 I을 놓았을 때 만들 수 있는 세 자리 수를 모두 써 보시오.

[답]

6 백의 자리에 2를 놓았을 때 만들 수 있는 세 자리 수를 모두 써 보시오.

[답]

7 백의 자리에 5를 놓았을 때 만들 수 있는 세 자리 수를 모두 써 보시오.

[답]

8 세 자리 수를 만들 수 있는 경우의 수는 얼마입니까?

[답]

 사고력 학습

J-261a

★ 이름 :

★ 날짜 :

★ 시간 : 시 분 ~ 시 분

◆ 순서가 있는 경우의 수 (2) ◆

1 정웅, 미선, 희원, 현진 4명의 후보 중에서 회장 1명, 부회장 1명을 뽑는 경우의 수를 구하려고 합니다. 나뭇가지 그림을 완성하고 경우의 수를 구하시오.

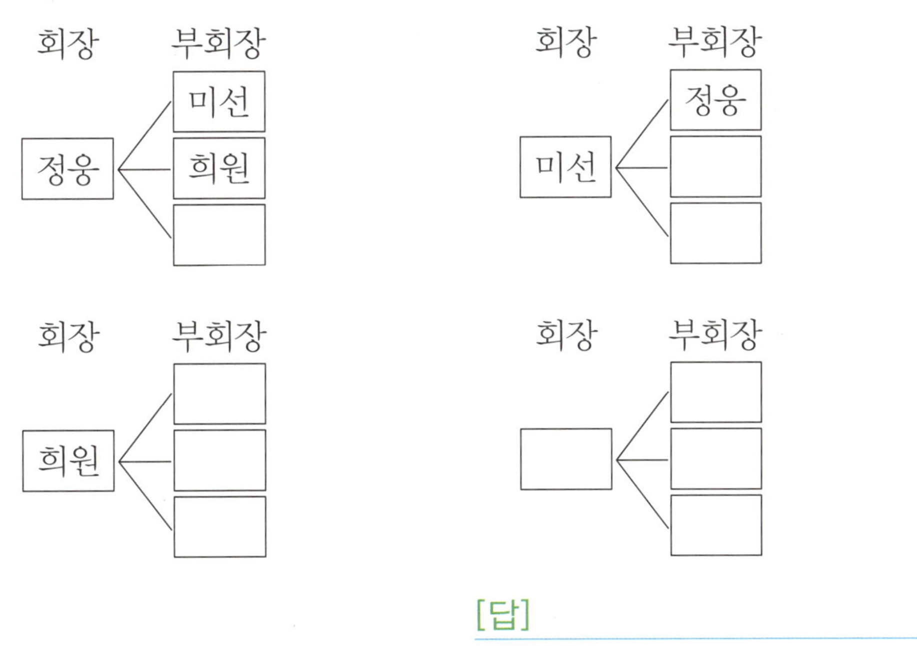

[답]

2 성화, 수현, 은선이가 이어달리기를 하려고 합니다. 이어달리기 순서를 정하는 경우의 수는 얼마입니까?

[답]

3 다음 숫자 카드 4장 중에서 2장을 골라 두 자리 수를 만들려고 합니다. 물음에 답하시오.

(1) 만들 수 있는 두 자리 수를 모두 써 보시오.

[답]

(2) 두 자리 수를 만들 수 있는 경우의 수를 구하시오.

[답]

4 다음 그림의 가, 나, 다의 각 부분에 빨간색, 노란색, 초록색을 한 번씩 서로 다르게 칠하는 방법의 경우의 수는 얼마입니까?

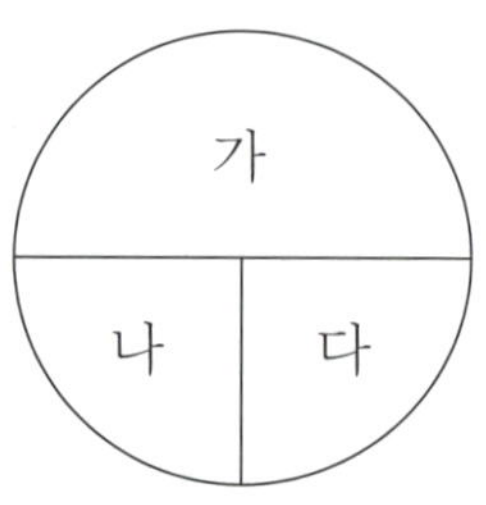

[답]

사고력 학습

◆ 여러 가지 경우의 수 (1) ◆

민주네 반 5개 모둠이 서로 한 번씩 퀴즈 대결을 하려고 합니다. 물음에 답하시오.
[1~2]

1 서로 한 번씩 퀴즈 대결을 할 수 있게 선으로 연결하시오.

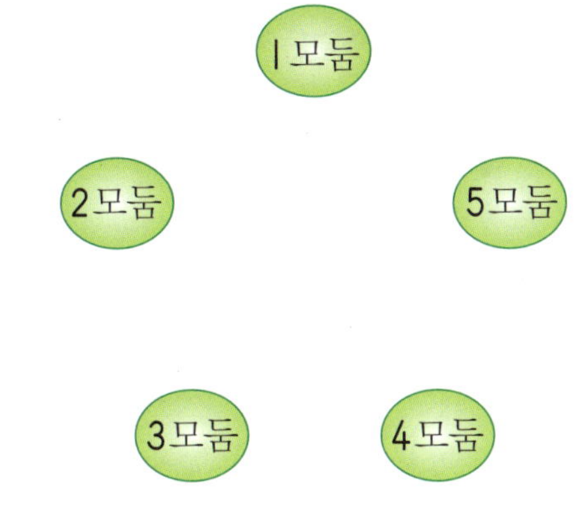

2 퀴즈 대결은 모두 몇 번 해야 합니까?

[답]

3 4명의 친구들이 서로 한 번씩 악수를 하려고 합니다. 악수는 모두 몇 번 해야 합니까?

[답]

그림을 보고 집에서 약수터까지 가장 가까운 길로 갈 수 있는 방법은 모두 몇 가지인지 알아보려고 합니다. 물음에 답하시오. [4~6]

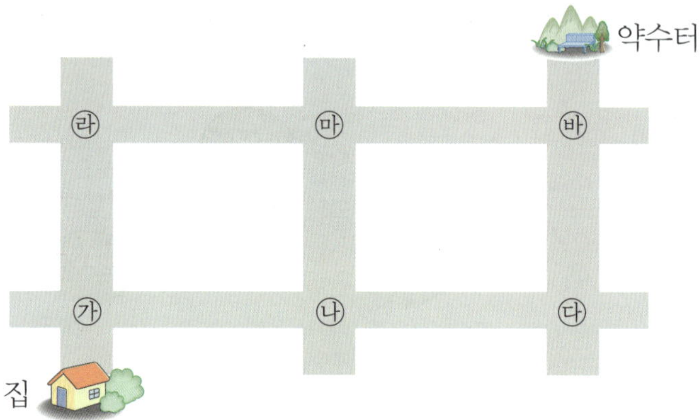

4 ㉮에서 ㉰를 지나 ㉺까지 가는 가장 가까운 길은 몇 가지입니까?

[답]

5 ㉮에서 ㉲를 지나 ㉺까지 가는 가장 가까운 길은 몇 가지입니까?

[답]

6 집에서 약수터까지 가장 가까운 길로 갈 수 있는 방법은 모두 몇 가지입니까?

[답]

 사고력 학습

◆ 여러 가지 경우의 수 (2) ◆

1 승현이네 모둠 6명이 모여 2명씩 탁구 경기를 하려고 합니다. 서로 한 번씩 경기를 하려면 경기를 모두 몇 번 해야 합니까?

[답]

2 다음 그림은 집, 약국, 지하철역 사이의 길을 나타낸 것입니다. 집에서 지하철역까지 갈 수 있는 방법은 몇 가지입니까?

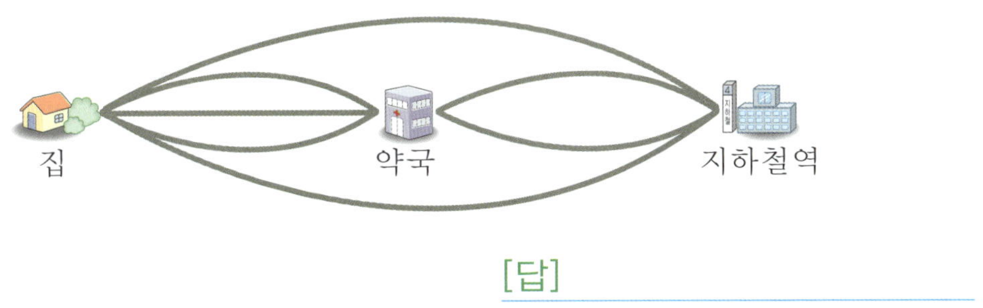

[답]

3 다음과 같이 8명이 게임 대회에 출전했습니다. 우승자가 결정될 때까지 이긴 사람끼리만 게임을 하려고 합니다. 우승자가 결정되려면 게임은 모두 몇 번 해야 합니까?

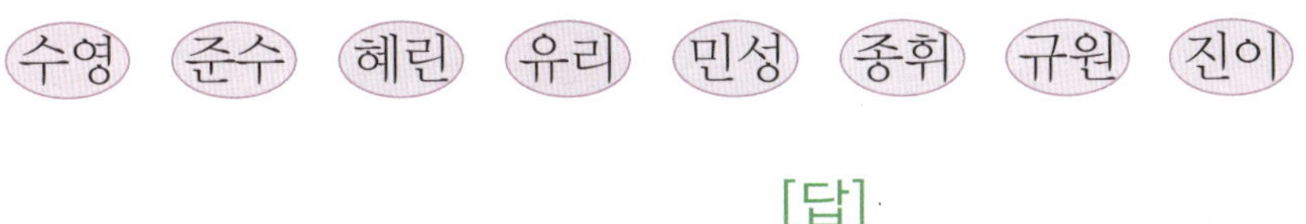

[답]

4 그림과 같은 3개의 산책로가 있습니다. 입구를 출발하여 분수대가 있는 곳까지 갔다가 다시 오는 방법은 모두 몇 가지입니까?

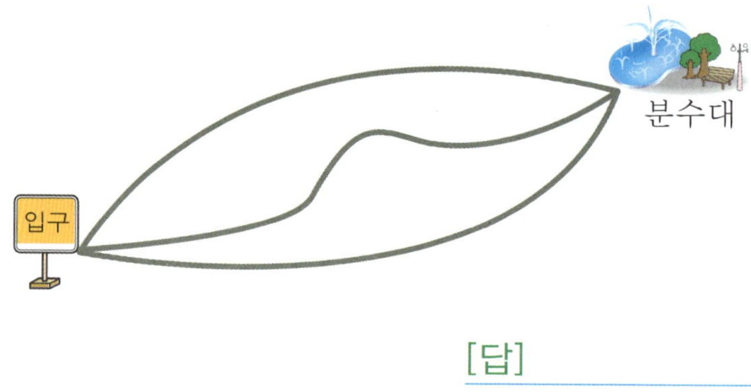

[답] ___________________

5 주머니 속에 50원짜리, 100원짜리, 500원짜리 동전이 각각 한 개씩 들어 있습니다. 한 번에 동전 2개를 꺼낼 때 나올 수 있는 동전 금액의 합을 모두 쓰시오.

[답] ___________________

사고력 학습

◆ **확률**(1) ◆

모든 경우의 수에 대한 어떤 사건이 일어날 경우의 수의 비율을 확률
이라고 합니다.

$$(확률) = \frac{(어떤\ 사건이\ 일어날\ 경우의\ 수)}{(모든\ 경우의\ 수)}$$

100원짜리 동전 한 개를 던졌을 때 숫자면이 나올 확률을 알아보려고 합니다. 물음에 답하시오. [1~3]

1 100원짜리 동전 한 개를 던질 때 나올 수 있는 면의 모든 경우의 수는 얼마입니까?

[답]

2 100원짜리 동전 한 개를 던질 때 숫자면이 나오는 경우의 수는 얼마입니까?

[답]

3 100원짜리 동전 한 개를 던질 때 숫자면이 나올 확률은 얼마입니까?

[답]

주사위 한 개를 던질 때 3의 배수의 눈이 나올 확률을 구하려고 합니다. 물음에 답하시오. [4~7]

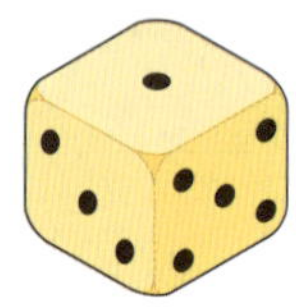

4 주사위 한 개를 던질 때 나올 수 있는 눈의 모든 경우의 수는 얼마입니까?

[답]

5 주사위 한 개를 던질 때 나올 수 있는 3의 배수를 모두 쓰시오.

[답]

6 주사위 한 개를 던질 때 3의 배수의 눈이 나오는 경우의 수는 얼마입니까?

[답]

7 주사위 한 개를 던질 때 3의 배수의 눈이 나올 확률은 얼마입니까?

[답]

◆ **확률 (2)** ◆

1 경품 추첨함 안에 제비가 20개 들어 있습니다. 당첨 제비가 7개라면 제비 한 개를 뽑아 당첨될 확률은 얼마입니까?

[답]

2 주머니 속에 빨간색 구슬 3개, 파란색 구슬 4개, 노란색 구슬 3개가 들어 있습니다. 주머니 속을 보지 않고 구슬 한 개를 꺼낼 때 파란색 구슬이 나올 확률은 얼마입니까?

[답]

3 상자 안에 사과가 30개 들어 있습니다. 그중 썩은 사과가 4개입니다. 상자 안에서 무심코 사과 한 개를 꺼낼 때 썩은 사과일 확률은 얼마입니까?

[답]

4 주사위 한 개를 던질 때 6의 약수의 눈이 나올 확률은 얼마입니까?

[답]

5 주머니 속에 다음과 같은 숫자 카드가 한 장씩 들어 있습니다. 주머니 속을 보지 않고 숫자 카드 한 장을 뽑을 때 **2**의 배수가 나올 확률은 얼마입니까?

[답]

6 다음 원판에서 바늘을 돌렸다가 멈추게 했을 때 바늘이 **5** 이상인 수를 가리킬 확률은 얼마입니까? (다만, 바늘이 경계선 위를 가리키는 경우는 제외합니다.)

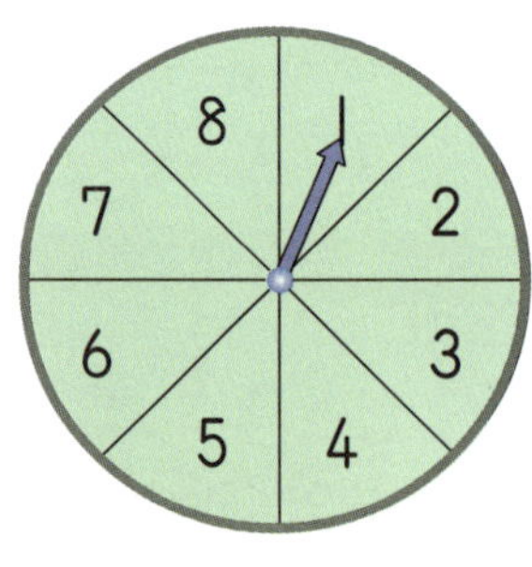

[답]

7 어느 공장에서 인형을 만드는데 100개 중 **9**개의 비율로 불량품이 나온다고 합니다. 무심코 인형 한 개를 집었을 때 그 인형이 합격품일 확률은 얼마입니까?

[답]

◆ 두 가지 일이 동시에 일어날 경우의 확률(1) ◆

🐸 주사위 한 개와 동전 한 개를 동시에 던질 때 나올 수 있는 경우의 확률을 알아보려고 합니다. 물음에 답하시오. [1~3]

1 주사위 한 개와 동전 한 개를 동시에 던질 때 나올 수 있는 모든 경우를 써 보시오.

주사위 ＼ 동전	그림면	숫자면
1	(1, 그림면)	(1, 숫자면)
2		
3		
4		
5		
6		

2 주사위 한 개와 동전 한 개를 던질 때 나올 수 있는 모든 경우의 수는 얼마입니까?

[답]

3 주사위는 홀수의 눈이 나오고 동전은 그림면이 나올 확률은 얼마입니까?

[답]

사고력 학습

서로 다른 2개의 주사위를 던질 때 나올 수 있는 눈의 합으로 확률을 구하려고 합니다. 물음에 답하시오. [4~7]

4 서로 다른 2개의 주사위를 던질 때 나올 수 있는 눈의 모든 경우를 써 보시오.

주사위 눈	1	2	3	4	5	6
1	(1, 1)	(1, 2)	(1, 3)			
2	(2, 1)					
3						
4						
5						
6						

5 두 눈의 합이 2가 될 확률을 구하시오.

[답]

6 두 눈의 합이 8이 될 확률을 구하시오.

[답]

7 두 눈의 합이 2 이상 4 이하가 될 확률을 구하시오.

[답]

사고력 학습

이름 :
날짜 :
시간 : 시 분 ~ 시 분

확인

◆ **두 가지 일이 동시에 일어날 경우의 확률(2)** ◆

1 주머니 속에 50원짜리, 100원짜리, 500원짜리 동전이 각각 한 개씩 들어 있습니다. 주머니 속을 보지 않고 동전 2개를 차례로 꺼낼 때, 물음에 답하시오.

(1) 동전 2개를 차례로 꺼낼 때 동전이 나오는 경우를 모두 써 보시오.

> (50원, 100원), (50원, 500원)

(2) 동전 2개를 차례로 꺼낼 때 500원짜리 동전이 먼저 나올 확률을 구하시오.

[답]

2 은경, 민수, 원철, 태환 4명 중에서 2명씩 짝을 지어 발표 수업을 준비하려고 합니다. 물음에 답하시오.

(1) 2명씩 짝을 지을 수 있는 모든 경우의 수는 얼마입니까?

[답]

(2) 은경이와 태환이가 짝이 될 확률은 얼마입니까?

[답]

3 순진이와 엉큼이가 가위바위보를 할 때 서로 비기게 될 확률을 구하려고 합니다. 물음에 답하시오.

(1) 두 사람이 가위바위보를 할 때 나올 수 있는 모든 경우의 수는 얼마입니까?

[답]

(2) 두 사람이 가위바위보를 할 때 서로 비기는 경우를 모두 써 보고 확률을 구하시오.

(가위,), (바위,), (,)

[답]

4 서로 다른 주사위 2개를 던질 때 두 눈의 합이 10이 될 확률을 구하시오.

[답]

5 상자 안에 50개의 제비가 들어 있습니다. 그중에서 당첨 제비가 16개입니다. 한 개의 제비를 뽑았을 때 당첨이 되지 않을 확률은 얼마입니까?

[답]

 사고력 학습

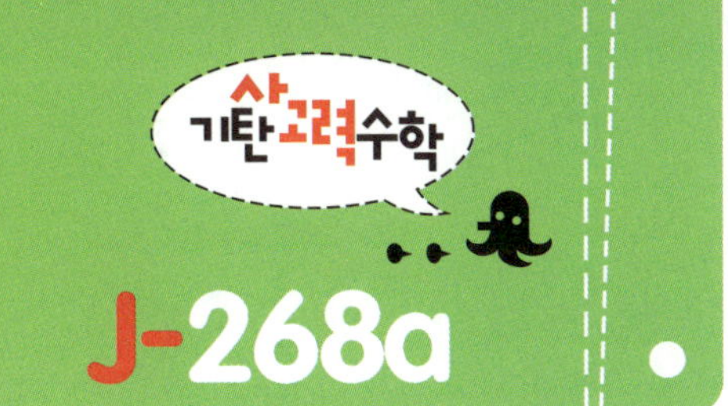

이름 :
날짜 :
시간 : 시 분 ~ 시 분

확인

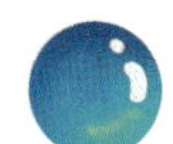

창의력 학습

철수는 고리던지기 놀이를 하려고 합니다. 색깔별로 고리를 던지는데 고리가 깃대에 꽂혔을 경우 빨간 고리는 50점, 파란 고리는 20점, 노란 고리는 5점을 얻게 됩니다. 그리고 세 개의 고리가 모두 꽂혔을 경우에는 보너스 10점, 두 개의 고리가 꽂혔을 경우에는 보너스 5점을 얻게 됩니다. 그러면 철수가 얻을 수 있는 점수는 모두 몇 가지가 될까요?

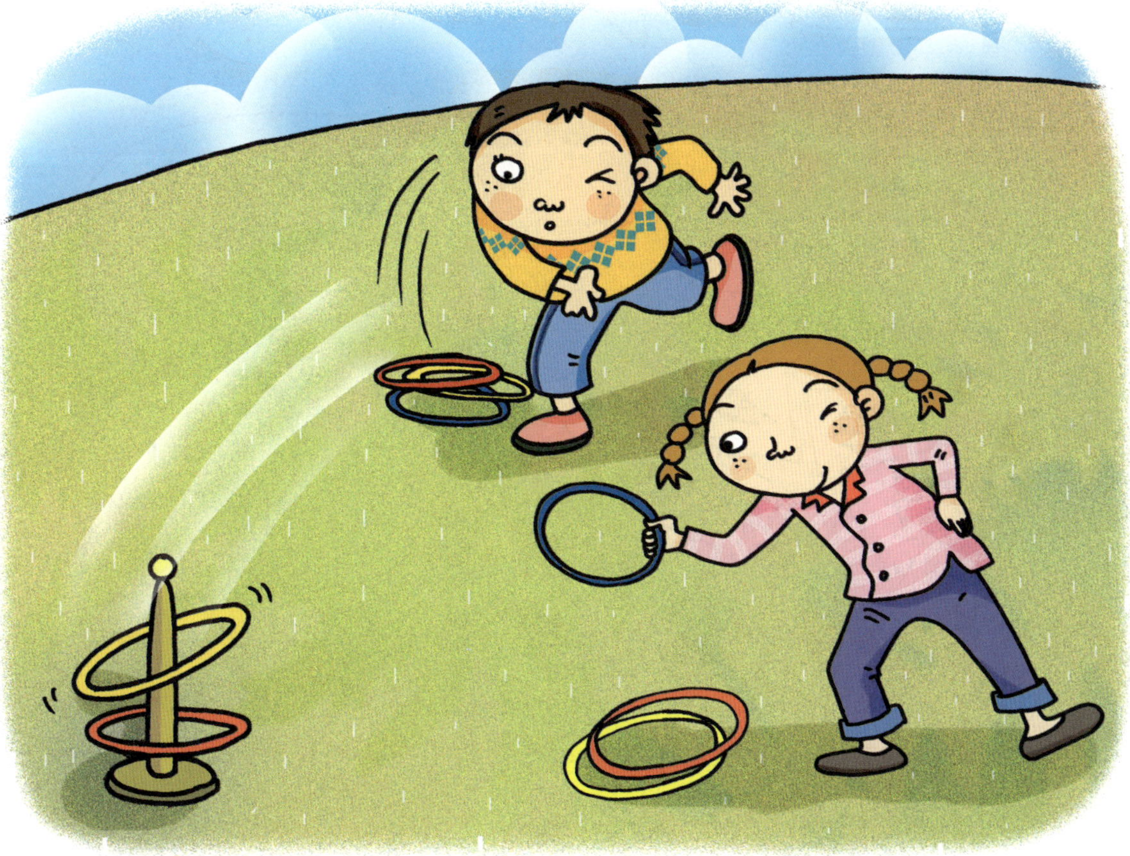

[답]

먹순이는 제비뽑기를 하여 다음 음식 중 한 가지를 먹을 수 있다고 합니다. 먹순이가 각각의 음식을 먹을 확률을 알아볼까요?

케이크

아이스크림

피망샐러드

[케이크]

[아이스크림]

[피망샐러드]

✚ 경시대회 예상문제

1 그림을 보고 집에서 학교까지 가는 길은 모두 몇 가지인지 구하시오.

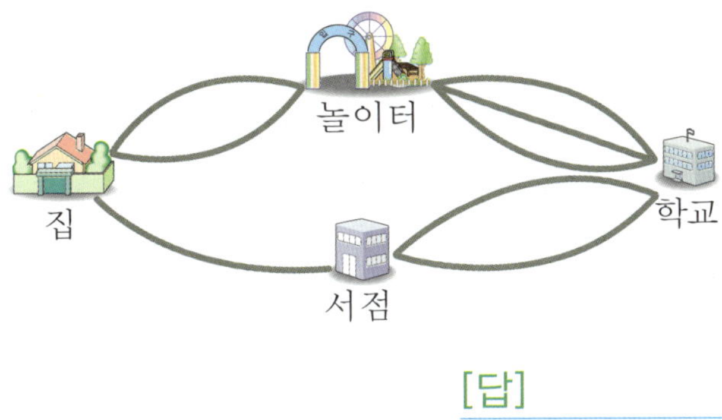

[답]

2 다음 숫자 카드 중에서 3장을 뽑아 세 자리 수를 만들려고 합니다. 물음에 답하시오.

(1) 세 자리 수를 만들 수 있는 경우의 수는 얼마입니까?

[답]

(2) 만든 세 자리 수가 500 이상 700 이하일 경우의 수는 얼마입니까?

[답]

3 주사위 한 개를 던질 때 나오는 눈이 2의 배수이거나 홀수인 경우의 수는 얼마인지 풀이 과정을 쓰고 답을 구하시오.

[답]

4 주사위 2개를 차례로 던질 때 첫 번째 주사위는 홀수의 눈이 나오고 두 번째 주사위는 3 이상의 눈이 나오는 경우의 수는 얼마입니까?

[답]

5 50원짜리, 100원짜리, 500원짜리 동전을 동시에 던질 때 숫자면이 2개 이상 나오는 경우의 수는 얼마입니까?

[답]

6 민주, 찬혁, 우경, 진희 네 사람이 한 팀이 되어 이어달리기를 하려고 합니다. 진희가 둘째 번으로 달리게 되는 경우의 수는 얼마입니까?

[답]

7 다음 숫자 카드 4장 중에서 3장을 뽑아 세 자리 수를 만들려고 합니다. 백의 자리 숫자가 3인 경우의 수는 얼마입니까?

[답]

8 가에서 자까지 가장 가까운 길로 갈 수 있는 방법은 몇 가지입니까?

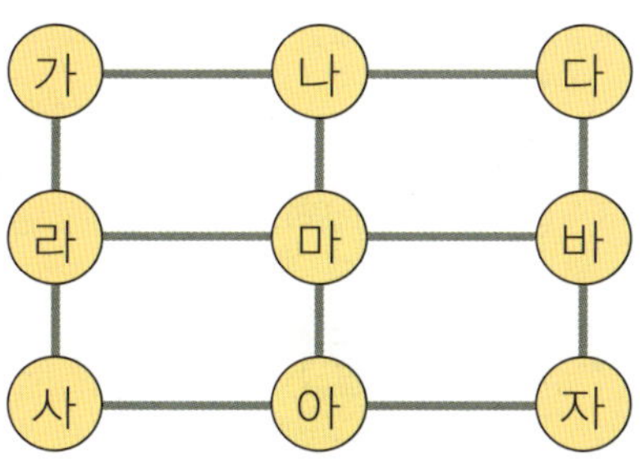

[답]

서술형·논술형

9 주니, 케빈, 영서, 효린, 은규 5명 중에서 회장 1명, 부회장 1명을 뽑으려고 합니다. 은규가 회장이나 부회장이 될 확률은 얼마인지 풀이 과정을 쓰고 답을 구하시오.

[답]

10 서로 다른 2개의 주사위를 동시에 던질 때 나온 두 눈의 합이 4의 배수일 확률은 얼마입니까?

[답]

11 가 주머니의 숫자 카드를 십의 자리 숫자로, 나 주머니의 숫자 카드를 일의 자리 숫자로 하여 두 자리 수를 만들 때, 십의 자리 숫자가 일의 자리 숫자보다 클 확률을 구하시오.

가 

나 

[답]

학습 관리표

학습 내용		이번 주는?
방정식	· 미지수를 x로 나타내기 · 등식 알기 · 방정식 알기 · 등식의 성질을 이용하여 방정식 풀기 · 방정식의 활용 · 창의력 학습 · 경시대회 예상문제	• 학습 방법 : ① 매일매일 ② 가끔 ③ 한꺼번에 하였습니다. • 학습 태도 : ① 스스로 잘 ② 시켜서 억지로 하였습니다. • 학습 흥미 : ① 재미있게 ② 싫증내며 하였습니다. • 교재 내용 : ① 적합하다고 ② 어렵다고 ③ 쉽다고 하였습니다.
지도 교사가 부모님께		**부모님이 지도 교사께**
평가	Ⓐ 아주 잘함　　　Ⓑ 잘함　　　Ⓒ 보통　　　Ⓓ 부족함	

원(교)　　　　　반　　이름　　　　　전화

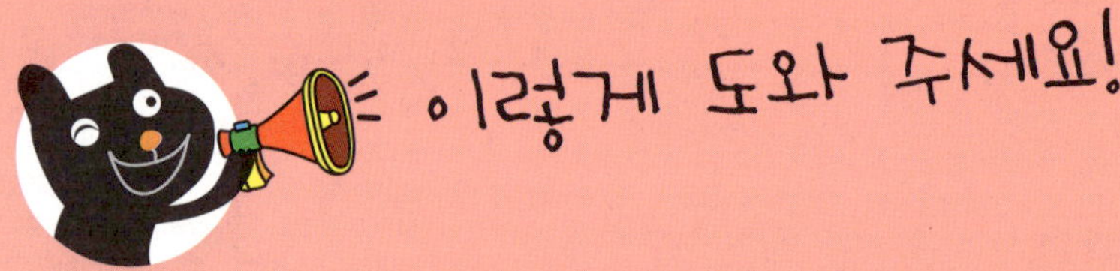

● 학습 목표

- 미지수를 x로 나타낼 수 있습니다.
- 등식을 알 수 있습니다.
- 방정식을 알 수 있습니다.
- 등식의 성질을 이해할 수 있습니다.
- 등식의 성질을 이용하여 방정식을 풀 수 있습니다.
- 방정식을 활용할 수 있습니다.

● 지도 내용

- □를 사용한 식을 만들고 미지수를 x로 나타내게 합니다.
- 등식을 약속하고 여러 가지 방법으로 나타내게 합니다.
- 방정식을 푸는 개념을 이해하게 합니다.
- 등식의 성질을 이해하여 등식의 양쪽에 같은 수를 더하거나 빼도 등식은 성립한다는 것을 알게 합니다. 또한 등식의 양쪽에 같은 수를 곱하거나 0이 아닌 같은 수로 나누어도 등식은 성립한다는 것을 알게 합니다.
- 등식의 성질을 이용하여 방정식을 풀고, 실생활의 문제를 방정식을 활용하여 해결하게 합니다.

● 지도 요점

앞에서 공부한 덧셈과 뺄셈의 관계, □가 사용된 덧셈식이나 뺄셈식에서 □를 이해하기, 어떤 수를 □로 나타내고 간단한 덧셈, 뺄셈, 곱셈, 나눗셈의 등식에서 어떤 수의 값을 구하기 등을 기초로 하여 미지수를 x로 하는 방정식을 공부하게 합니다.

◆ 미지수를 x로 나타내기(1) ◆

> □를 사용하여 나타낸 식 □＋5＝7에서 □ 대신에 기호 x를 써서 $x＋5＝7$로 나타낼 수 있고 □, x와 같이 아직 알고 있지 못한 어떤 수를 미지수라고 합니다.

승호는 한 알씩, 영범이는 승호의 2배씩 포도를 먹을 때 영범이가 먹은 포도알의 수를 알아보려고 합니다. 물음에 답하시오. [1~3]

1 승호와 영범이가 먹은 포도알의 수를 생각하며 표를 완성해 보시오.

승호가 먹은 포도알 수(개)	1	2	3	……	□	……	△
영범이가 먹은 포도알 수(개)	1×2			……		……	

2 승호가 먹은 포도알의 수를 □개라고 할 때, 영범이가 먹은 포도알의 수를 식으로 나타내어 보시오.

(영범이가 먹은 포도알의 수)＝ ___________

3 승호가 먹은 포도알의 수를 x개라고 할 때, 영범이가 먹은 포도알의 수를 식으로 나타내어 보시오.

(영범이가 먹은 포도알의 수)＝ ___________

🐸 한 시간에 80km를 달리는 자동차가 있습니다. 같은 빠르기로 x시간을 달린다면 이동하는 거리는 몇 km인지 알아보려고 합니다. 물음에 답하시오. [4~5]

4 자동차가 달린 시간과 이동 거리를 생각하며 표를 완성해 보시오.

자동차가 달린 시간(시간)	1	2	3	……	x
자동차의 이동 거리(km)	80×1			……	

5 자동차가 달린 시간을 x시간이라고 할 때, 자동차의 이동 거리를 식으로 나타내어 보시오.

(자동차의 이동 거리)= ____________________

6 다음 그림을 보고 x를 사용하여 식으로 나타내시오.

[식] ____________________

✿ 이름 :

✿ 날짜 :

✿ 시간 :　　시　　분 ~ 　　시　　분

확인 

◆ 미지수를 x로 나타내기 (2) ◆

🐸 다음 수직선을 보고 x를 사용하여 식으로 써 보시오. [1~2]

1

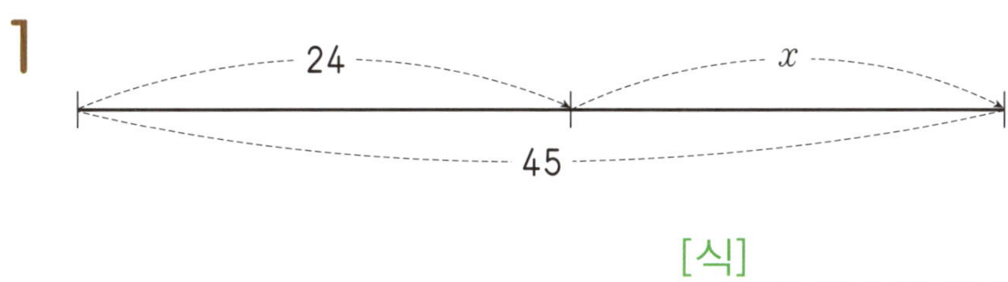

[식]

2

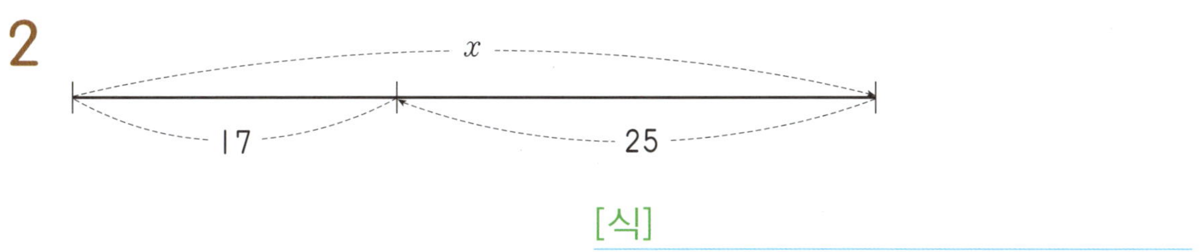

[식]

3 다음 그림을 보고 x를 사용하여 식으로 써 보시오.

[식]

🐸 다음의 관계를 x를 사용하여 식으로 써 보시오. [4~7]

4 승은이는 가지고 있던 귤 몇 개 중에서 민혁이에게 3개를 주었더니 5개가 남았습니다.

[식]

5 농장에 젖소 12마리가 있습니다. 오늘 몇 마리가 더 들어와서 농장의 젖소가 모두 18마리가 되었습니다.

[식]

6 20개짜리 밤 한 봉지를 몇 명에게 똑같이 나누어 주었더니 한 명이 4개씩 갖게 되었습니다.

[식]

7 한 팀에 9명씩인 야구팀이 몇 팀 있습니다. 야구 선수를 세어 보니 모두 108명입니다.

[식]

 사고력 학습

● 이름 :

● 날짜 :

● 시간 :　　시　　분 ～　　시　　분

확인

◆ **등식 알기(1)** ◆

다음 식과 같이 등호(＝)를 써서 나타낸 식을 **등식**이라고 합니다.

$$4 \times x - 2 = 6$$

🐸 진희는 문구점에서 500원짜리 지우개 몇 개와 2500원짜리 공책 한 권을 4000원에 샀습니다. 진희는 지우개를 몇 개 샀는지 알아보려고 합니다. 물음에 답하시오. [1~3]

1 구하려는 것은 무엇입니까?

[답]

2 지우개의 개수를 x라 할 때, 지우개값을 식으로 나타내시오.

[식]

3 지우개값, 공책값, 전체 물건값의 관계를 식으로 나타내시오.

[식]

사고력 학습

🐸 등식 $x+4=11$을 여러 가지로 나타내려고 합니다. 물음에 답하시오. [4~6]

4 등식 $x+4=11$을 그림으로 나타내어 보시오.

5 등식 $x+4=11$을 수직선에 나타내어 보시오.

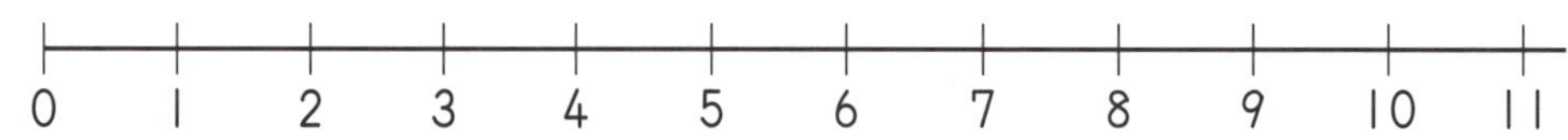

6 등식 $x+4=11$을 문장으로 나타내시오.

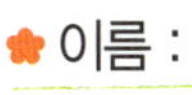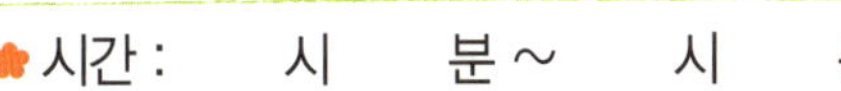

J-274a

✿ 이름 :

✿ 날짜 :

✿ 시간 :　　시　　분 ~ 　　시　　분

확인

◆ **등식 알기(2)** ◆

1 다음 중에서 등식을 모두 찾아 기호를 쓰시오.

$$\bigcirc\ 8+5=13 \qquad \bigcirc\ x \div 4 + 3$$
$$\bigcirc\ x \times 2 - 27 \qquad \bigcirc\ 42 - 7 \times x = 28$$

[답]

다음 수직선을 보고 등식으로 나타내시오. [2~3]

2

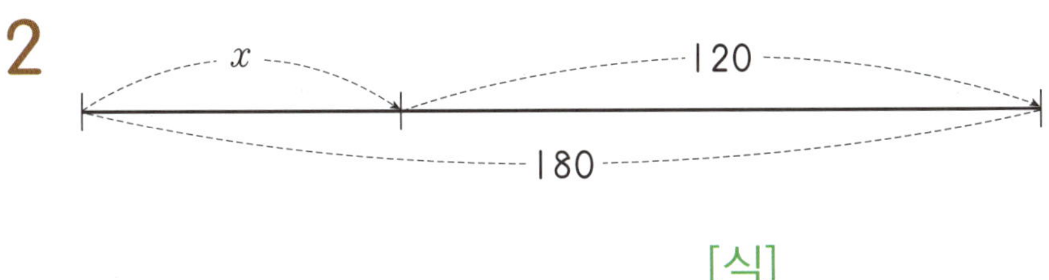

[식]

3

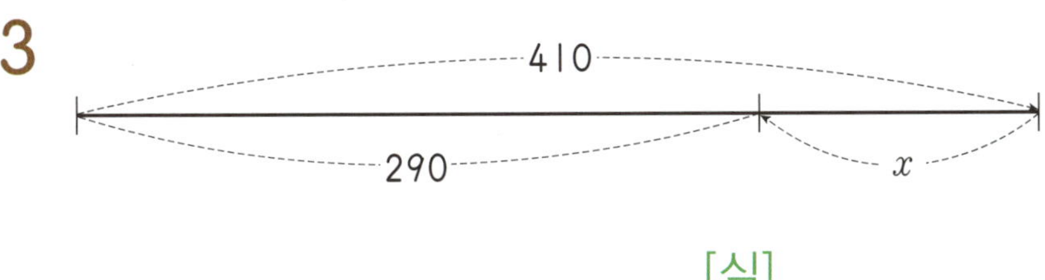

[식]

사고력 학습

🐸 다음을 등식으로 나타내시오. [4~5]

4 어떤 수 x의 5배에서 35를 뺀 수는 55입니다.

[식]

5 어떤 수 x에 9의 4배를 더한 수는 64와 같습니다.

[식]

🐸 다음을 등식으로 나타내시오. [6~7]

6 어떤 수 x에서 4를 뺀 수는 3의 8배와 같습니다.

[식]

7 어떤 수 x를 7로 나눈 수는 5의 2배보다 2 큽니다.

[식]

사고력 학습

J-275a

🌸 이름 :

🌸 날짜 :

🌸 시간 :　시　분 ~　시　분

◆ **방정식 알기(1)** ◆

> 식 $x+2=8$과 같이 미지수의 값에 따라 참이 되기도 하고 거짓이 되기도 하는 등식을 **방정식**이라고 합니다. 이때 방정식을 참이 되게 하는 미지수의 값을 구하는 것을 **방정식을 푼다**고 합니다.

🐸 식 $x+4=6$에서 x의 값을 어떻게 구하는지 알아보려고 합니다. ☐ 안에 알맞은 수를 써넣고 맞는 것에 ◯표 하시오. [1~4]

1 x의 값을 1이라고 하면 등식은 참입니까? 거짓입니까?

$$x=1\text{이라면 } \boxed{}+4=6 \ (\text{참, 거짓})$$

2 x의 값을 2라고 하면 등식은 참입니까? 거짓입니까?

$$x=2\text{라면 } \boxed{}+4=6 \ (\text{참, 거짓})$$

3 x의 값을 3이라고 하면 등식은 참입니까? 거짓입니까?

$$x=3\text{이라면 } \boxed{}+4=6 \ (\text{참, 거짓})$$

4 x의 값이 얼마일 때 등식이 성립합니까?

[답]

5 식 $3 \times x + 2 = 11$에서 x 대신에 1, 2, 3, 4를 넣어 참이 되게 하는 수를 구하시오.

$x = 1$일 때, $3 \times \boxed{} + 2 = 11$ (참, 거짓)

$x = 2$일 때, $3 \times \boxed{} + 2 = 11$ (참, 거짓)

$x = 3$일 때, $3 \times \boxed{} + 2 = 11$ (참, 거짓)

$x = 4$일 때, $3 \times \boxed{} + 2 = 11$ (참, 거짓)

[답]

6 식 $24 \div x - 3 = 3$에서 x 대신에 1, 2, 3, 4, 6을 넣어 참이 되게 하는 수를 구하시오.

$x = 1$일 때, $24 \div \boxed{} - 3 = 3$ (참, 거짓)

$x = 2$일 때, $24 \div \boxed{} - 3 = 3$ (참, 거짓)

$x = 3$일 때, $24 \div \boxed{} - 3 = 3$ (참, 거짓)

$x = 4$일 때, $24 \div \boxed{} - 3 = 3$ (참, 거짓)

$x = 6$일 때, $24 \div \boxed{} - 3 = 3$ (참, 거짓)

[답]

 사고력 학습

J-276a

✿ 이름 :
✿ 날짜 :
✿ 시간 :　　시　　분 ~ 　　시　　분

확인 

◆ **방정식 알기(2)** ◆

1 다음 중에서 방정식인 것을 모두 찾아보시오. (　　　　　)

① $6 \times x + 8$ 　　　② $x - 2 \times 7$
③ $x \div 2 = 4$ 　　　④ $3 + x = 5$

2 다음 중에서 x 대신에 2를 넣었을 때 참이 되는 식을 찾아 기호를 쓰시오.

　　㉠ $5 - x = 7$　　㉡ $x \times 4 = 12$
　　㉢ $x \times 3 + 2 = 8$　　㉣ $x \div 2 + 1 = 1$

[답]

3 방정식 $x \times 4 = 24$에서 x 대신에 넣어서 참이 되게 하는 수는 어느 것입니까? (　　　　　)

① 2　　　② 3　　　③ 4　　　④ 5　　　⑤ 6

사고력 학습

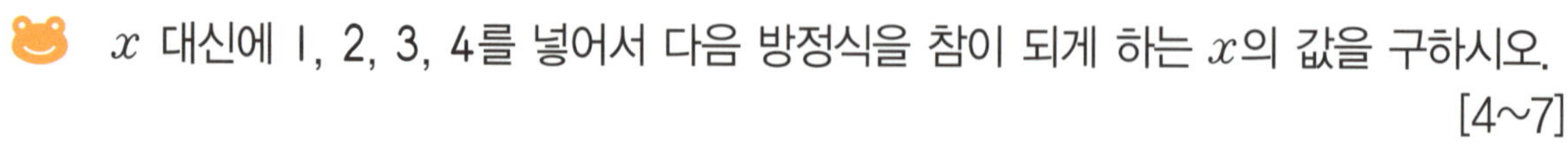

🐸 x 대신에 I, 2, 3, 4를 넣어서 다음 방정식을 참이 되게 하는 x의 값을 구하시오.
[4~7]

4 $3 \times x + 6 = 9$

[답] ______________________

5 $x \times 4 - 4 = 12$

[답] ______________________

6 $\dfrac{1}{2} \times x + 6 = 7$

[답] ______________________

7 $5 - x \times \dfrac{2}{3} = 3$

[답] ______________________

🐸 다음을 방정식으로 만들고, 방정식을 참이 되게 하는 x의 값을 구하시오. [8~9]

8 어떤 수 x의 $\dfrac{1}{2}$배에 7을 더한 값은 9와 같습니다.

[식] ______________________   [답] ______________

9 어떤 수 x와 $\dfrac{2}{3}$의 곱에 $\dfrac{1}{3}$을 더한 수는 I과 같습니다.

[식] ______________________   [답] ______________

사고력 학습

✿ 이름 :

✿ 날짜 :

✿ 시간 :　　시　　분 ~ 　　시　　분

◆ **등식의 성질을 이용하여 덧셈 또는 뺄셈이 있는 방정식 풀기(1)** ◆

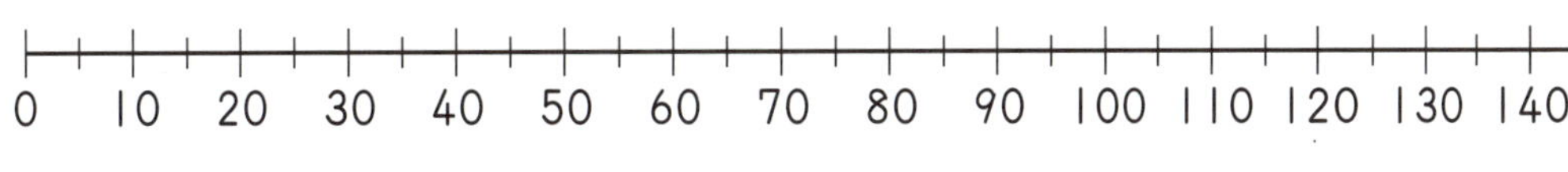

- 등식의 양쪽에 같은 수를 더해도 등식은 성립합니다.

  □＝△이면 □＋☆＝△＋☆

- 등식의 양쪽에서 같은 수를 빼도 등식은 성립합니다.

  □＝△이면 □－☆＝△－☆

🐸 석현이의 키는 민정이의 키보다 15cm가 작습니다. 석현이의 키가 120cm일 때 민정이의 키는 몇 cm인지 알아보려고 합니다. 물음에 답하시오. [1~3]

1 수직선을 이용하여 방정식을 세워 보시오.

| 0 | 10 | 20 | 30 | 40 | 50 | 60 | 70 | 80 | 90 | 100 | 110 | 120 | 130 | 140 |

[식]

2 등식의 성질을 이용하여 방정식 $x-15=120$을 풀어 보시오.

$$x-15=120$$

$$x-15+\boxed{}=120+\boxed{}$$

$$x=120+\boxed{}$$

$$x=\boxed{}$$

3 민정이의 키는 몇 cm입니까?

[답]

은주의 몸무게는 45kg입니다. 은주가 초등학교 입학할 때보다 20kg 늘은 것이라면 입학할 때의 몸무게는 몇 kg이었는지 알아보려고 합니다. 물음에 답하시오.

[4~6]

4 수직선을 이용하여 방정식을 세워 보시오.

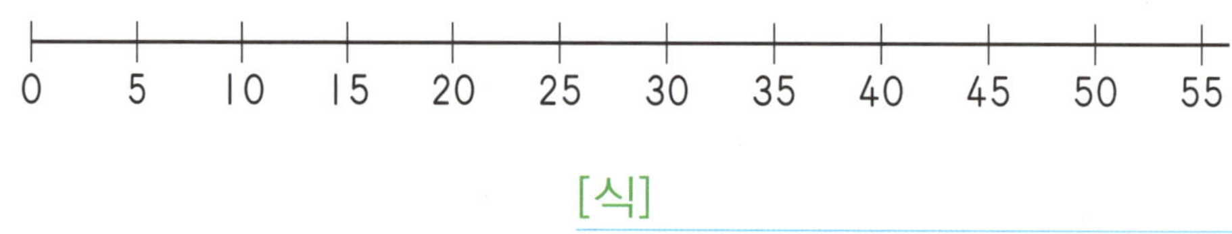

[식]

5 등식의 성질을 이용하여 방정식 $x+20=45$를 풀어 보시오.

$$x+20=45$$

$$x+20-\boxed{}=45-\boxed{}$$

$$x=45-\boxed{}$$

$$x=\boxed{}$$

6 은주의 입학할 때의 몸무게는 몇 kg입니까?

[답]

★ 이름 :

★ 날짜 :

★ 시간 :　　시　　분 ~ 　시　　분

확인

◆ **등식의 성질을 이용하여 덧셈 또는 뺄셈이 있는 방정식 풀기(2)** ◆

방정식을 풀고, 등식의 어떤 성질을 이용한 것인지 ☐ 안에 알맞은 수나 말을 써넣으시오. [1~2]

1 방정식 $x-5=8$이면 $x-5+5=8+$☐ 이므로 $x=$☐ 입니다.

등식의 양쪽에 같은 수를 ☐ 등식은 성립합니다.

2 방정식 $x+5=8$이면 $x+5-5=8-$☐ 이므로 $x=$☐ 입니다.

등식의 양쪽에서 같은 수를 ☐ 등식은 성립합니다.

☐ 안에 알맞은 수를 써넣으시오. [3~4]

3 방정식 $x-8=12$를 계산하기 위하여 양쪽에 ☐ 을 더하면 됩니다.

$$x-8+☐=12+☐$$

$$x=☐$$

4 방정식 $x+4=9$를 계산하기 위하여 양쪽에서 ☐ 를 빼면 됩니다.

$$x+4-☐=9-☐$$

$$x=☐$$

사고력 학습

5 다음 중 등식의 성질을 바르게 설명한 것을 모두 고르시오. (   )

① $\square = ☆$ 이면 $\square + ☆ = \triangle + ☆$
② $\square = \triangle$ 이면 $\square + ☆ = \triangle + ☆$
③ $\square = ☆$ 이면 $\square - ☆ = \triangle - ☆$
④ $\square = \triangle$ 이면 $\square - ☆ = \triangle - ☆$

등식의 성질을 이용하여 방정식을 풀어 보시오. [6~13]

6 $x - 6 = 24$

7 $x - 17 = 9$

8 $x - \dfrac{1}{2} = 2$

9 $x - 0.3 = 1.8$

10 $x + 8 = 27$

11 $x + 44 = 52$

12 $x + \dfrac{2}{3} = 1\dfrac{1}{3}$

13 $x + 0.17 = 2.04$

J-279a

◆ **등식의 성질을 이용하여 곱셈 또는 나눗셈이 있는 방정식 풀기(1)** ◆

> - 등식의 양쪽에 같은 수를 곱해도 등식은 성립합니다.
>
>   □＝△이면 □×☆＝△×☆
>
> - 등식의 양쪽을 0이 아닌 같은 수로 나누어도 등식은 성립합니다.
>
>   □＝△이면 □÷☆＝△÷☆

🐸 승민이는 우유를 컵 4개에 똑같이 나누어 따랐습니다. 컵 한 개에 따른 우유가 250mL일 때 처음에 있던 우유는 몇 mL인지 알아보려고 합니다. 물음에 답하시오. [1~3]

1 수직선을 이용하여 방정식을 세워 보시오.

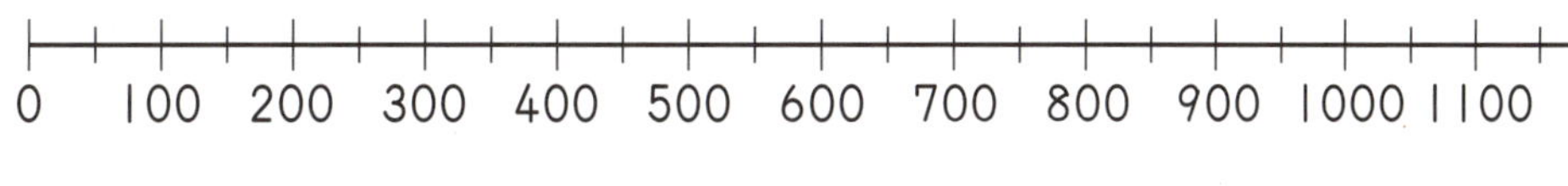

[식]

2 등식의 성질을 이용하여 방정식 $x \div 4 = 250$을 풀어 보시오.

$$x \div 4 = 250$$

$$x \div 4 \times \boxed{} = 250 \times \boxed{}$$

$$x = \boxed{}$$

3 처음에 있던 우유는 몇 mL입니까?

[답]

한 봉지에 똑같은 개수의 귤이 들어 있습니다. 이 귤을 4봉지 샀더니 귤이 모두 12개가 되었습니다. 한 봉지에 들어 있는 귤의 수를 알아보려고 합니다. 물음에 답하시오. [4~6]

4 수직선을 이용하여 방정식을 세워 보시오.

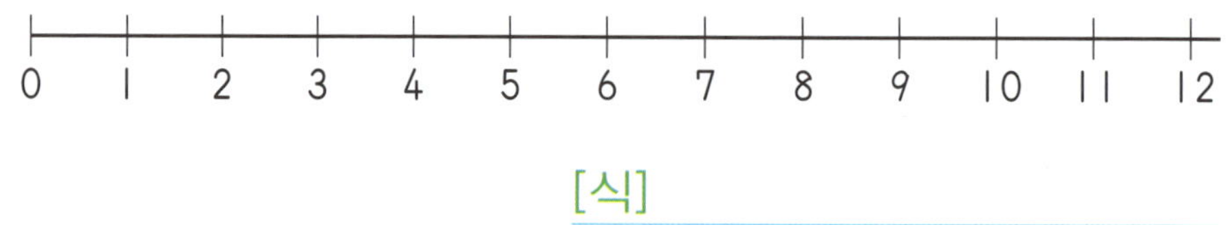

[식] ________________

5 등식의 성질을 이용하여 방정식 $x \times 4 = 12$를 풀어 보시오.

$$x \times 4 = 12$$
$$x \times 4 \div \square = 12 \div \square$$
$$x = \square$$

6 한 봉지에 들어 있는 귤의 수는 몇 개입니까?

[답] ________________

사고력 학습

◆ 등식의 성질을 이용하여 곱셈 또는 나눗셈이 있는 방정식 풀기(2) ◆

🐸 방정식을 풀고, 등식의 어떤 성질을 이용한 것인지 ☐ 안에 알맞은 수나 말을 써넣으시오. [1~2]

1 방정식 $x \div 7 = 4$이면 $x \div 7 \times 7 = 4 \times$ ☐ 이므로 $x =$ ☐ 입니다.

등식의 양쪽에 같은 수를 ☐ 등식은 성립합니다.

2 방정식 $x \times 9 = 45$이면 $x \times 9 \div 9 = 45 \div$ ☐ 이므로 $x =$ ☐ 입니다.

등식의 양쪽을 0이 아닌 같은 수로 ☐ 등식은 성립합니다.

🐸 ☐ 안에 알맞은 수를 써넣으시오. [3~4]

3 방정식 $x \div 12 = 5$를 계산하기 위하여 양쪽에 ☐ 를 곱하면 됩니다.

$$x \div 12 \times \boxed{} = 5 \times \boxed{}$$

$$x = \boxed{}$$

4 방정식 $x \times 8 = 48$을 계산하기 위하여 양쪽을 ☐ 로 나누면 됩니다.

$$x \times 8 \div \boxed{} = 48 \div \boxed{}$$

$$x = \boxed{}$$

사고력 학습

5 ☆이 0이 아니라고 할 때, 등식의 성질을 바르게 설명한 것을 모두 고르시오.

(   )

① □=☆이면 □×☆=△×☆
② □=△이면 □×☆=△×☆
③ □=☆이면 □÷☆=△÷☆
④ □=△이면 □÷☆=△÷☆

등식의 성질을 이용하여 방정식을 풀어 보시오. [6~13]

6 $x \div 3 = 9$

7 $x \div 11 = 2$

8 $12 = x \div 4$

9 $20 = x \div 5$

10 $x \times 6 = 54$

11 $x \times 9 = 72$

12 $36 = x \times 4$

13 $60 = x \times 5$

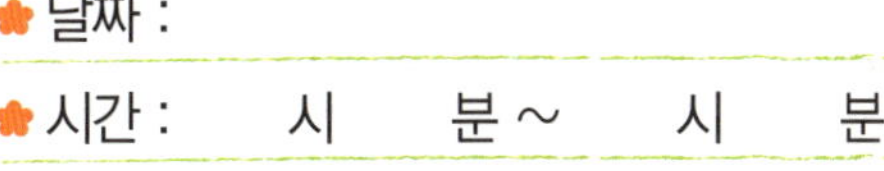

◆ 방정식의 활용(1) ◆

1 다음 식은 방정식이 아닙니다. 그 이유를 설명하시오.

$$x \times 6 - 7$$

[이유]

2 방정식 $4 \times x + 2 = 14$를 등식의 성질을 이용하여 $\square \times x = \triangle$의 꼴로 나타낼 때, $\square$와 $\triangle$의 값을 각각 구하시오.

[답]

3 다음은 방정식 $x \div 3 - 6 = 4$를 등식의 성질을 이용하여 푸는 과정입니다. $\square$ 안에 알맞은 수를 써넣으시오.

$$x \div 3 - 6 = 4$$
$$(x \div 3 - 6) + \square = 4 + \square$$
$$x \div 3 = \square$$
$$x \div 3 \times \square = \square \times \square$$
$$x = \square$$

사고력 학습

등식의 성질을 이용하여 다음 방정식을 풀어 보시오. [4~15]

4 $x \times 3 - 6 = 21$

5 $x \times 5 + 12 = 37$

6 $6 \times x - 15 = 3$

7 $9 \times x + 4 = 40$

8 $x \times 4 + \dfrac{2}{3} = 2$

9 $2 \times x - \dfrac{1}{2} = 4$

10 $x \div 2 + 8 = 11$

11 $x \div 4 - 3 = 8$

12 $x \div 4 + \dfrac{1}{4} = 2$

13 $x \div 7 - \dfrac{2}{5} = 1$

14 $x \div 5 + 1\dfrac{3}{5} = 2$

15 $x \div 6 - 2\dfrac{1}{3} = 3$

◆ 방정식의 활용(2) ◆

진주는 과일 가게에서 18000원인 수박 한 통과 멜론 2통을 사고 34000원을 지불하였습니다. 멜론 1통의 값은 얼마인지 알아보려고 합니다. 물음에 답하시오.

[1~4]

1 수박의 값, 멜론의 값, 지불한 돈의 값을 나타내는 수직선을 그려 보시오.

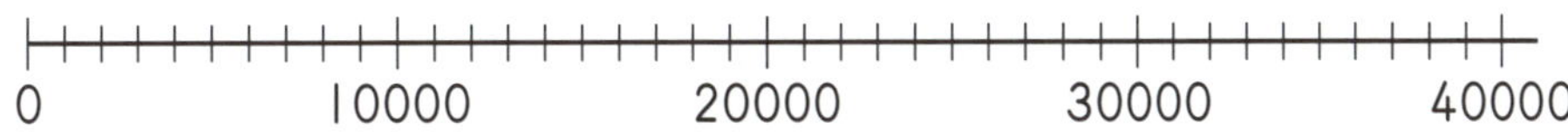

2 구하려는 멜론의 값을 x라 하고, 문제의 뜻에 알맞도록 방정식을 세워 보시오.

[식]

3 등식의 성질을 이용하여 x의 값을 구하시오.

[답]

4 멜론 1통의 값은 얼마입니까?

[답]

5 어떤 수의 **8**배에 **2**를 더하였더니 **34**가 되었습니다. 어떤 수는 얼마입니까?

[답]

6 넓이가 **32cm²**인 삼각형이 있습니다. 이 삼각형의 밑변이 **8cm**라고 할 때, 높이를 구하시오.

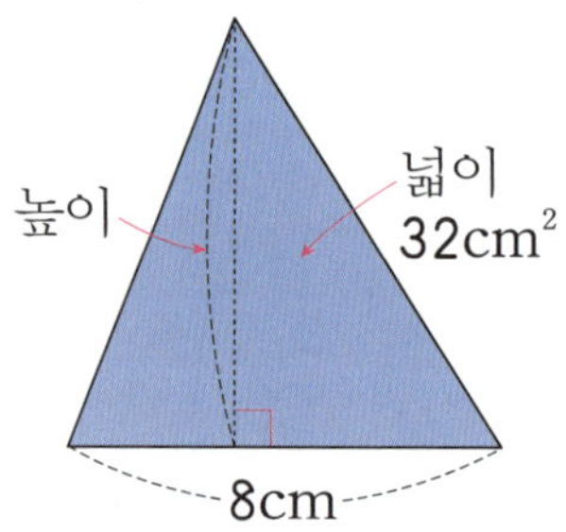

[답]

7 연수네 가족은 놀이동산에 가서 **25000**원짜리 자유이용권 **1**장과 **8000**원짜리 입장권 몇 장을 사고 **49000**원을 지불하였습니다. 연수네 가족이 산 입장권은 몇 장입니까?

[답]

8 **380km** 떨어진 곳까지 가는데 자동차로 매시간 **90km**의 속도로 달리고 있습니다. 목적지까지 남은 거리가 **110km**라고 하면 지금까지 자동차로 달린 시간은 몇 시간입니까?

[답]

 사고력 학습

🌐 창의력 학습

어머니께서 외출하셨다가 케이크와 석류를 사가지고 오셨습니다. 다음 내용을 보고 어머니께서 사오신 석류는 몇 개인지 알아볼까요?

[답]

구름나라 왕이 스피드경과 꼼꼼해경에게 성벽 보수 공사를 지시했어요. 다음 내용을 보고 꼼꼼해경이 일을 마치는 데 며칠이 걸리는지 알아볼까요?

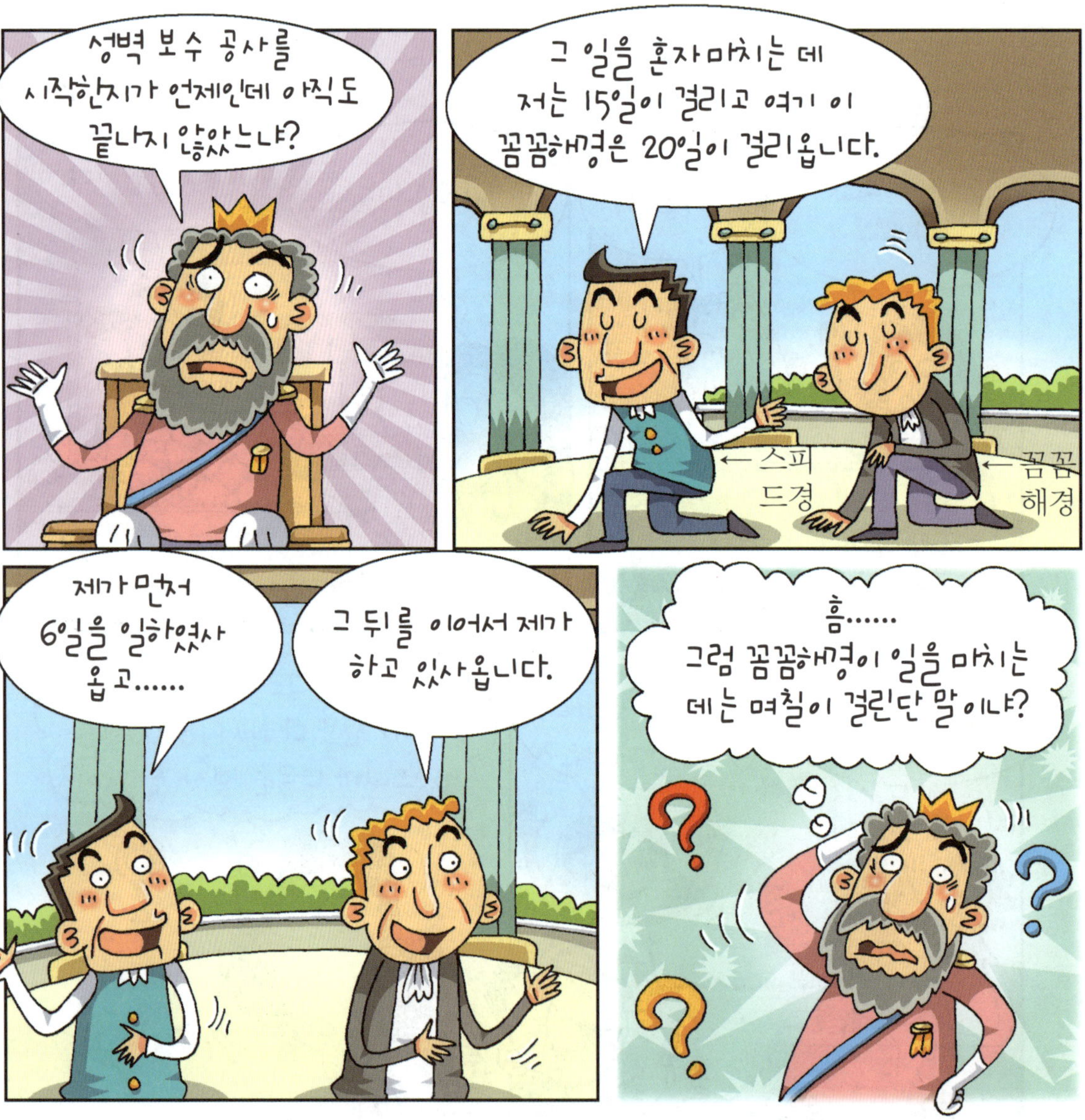

[답]

✿ 이름 :

✿ 날짜 :

✿ 시간 :　　　시　　분 ~　　시　　분

확인 

 # 경시대회 예상문제

1 두 방정식의 x의 값의 차를 구하시오.

$$\bigcirc\ x \times \frac{1}{2} = \frac{1}{3}$$
$$\bigcirc\ 0.4 \times x - 3 = 0.2$$

[답]

2 어떤 수에 3을 곱하고 4를 더해야 하는데 잘못하여 어떤 수에 4를 곱하고 3을 더했더니 35가 되었습니다. 바르게 계산한 값을 구하시오.

[답]

3 연속하는 세 자연수의 합이 42일 때 이 세 자연수를 구하시오.

[답]

4 농장에 양과 오리가 모두 **35**마리 있습니다. 다리의 개수가 모두 **110**개일 때, 양은 몇 마리인지 풀이 과정을 쓰고 답을 구하시오.

[답]

5 선준이가 그림과 같은 다트판을 가지고 놀이를 하고 있습니다. 선준이가 화살을 **10**번 던져 모두 과녁을 맞혀서 **34**점을 얻었습니다. **5**점짜리 과녁과 **3**점짜리 과녁은 각각 몇 번씩 맞혔습니까?

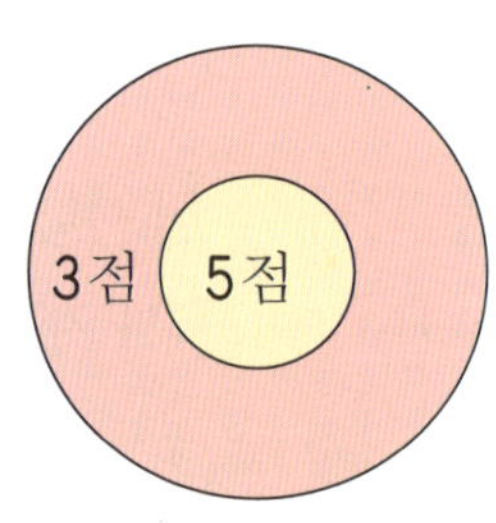

[답]

6 십의 자리 숫자가 **4**인 두 자리 자연수가 있습니다. 이 자연수는 각 자리 숫자의 합의 **7**배와 같다고 합니다. 이 자연수를 구하시오.

[답]

7 윗변이 4cm, 높이가 5cm인 사다리꼴의 넓이가 30cm²일 때, 아랫변은 몇 cm입니까?

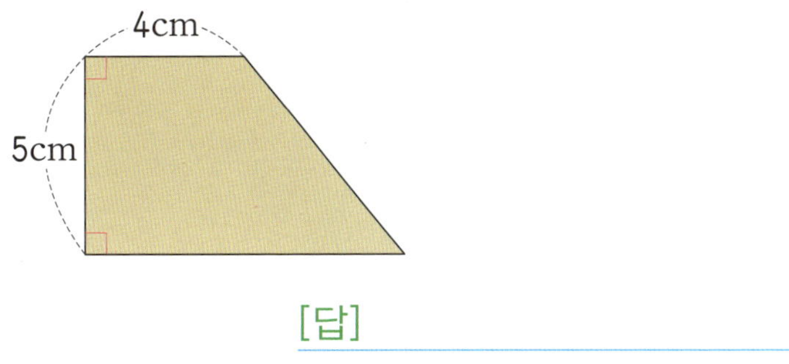

[답]

서술형·논술형

8 아버지의 나이는 45살이고, 미송이의 나이는 13살입니다. 몇 년 후에 아버지의 나이는 미송이의 나이의 3배가 되는지 풀이 과정을 쓰고 답을 구하시오.

[답]

9 길이가 60cm인 철사를 모두 사용하여 직사각형을 만들려고 합니다. 이때 직사각형의 가로는 세로보다 4cm 길게 하려고 합니다. 이 직사각형의 가로는 몇 cm입니까?

[답]

경시대회 예상문제

10 어떤 일을 하는 데 아들은 12일 걸리고, 아버지는 8일 걸린다고 합니다. 이 일을 아들이 6일 동안 한 후에 아버지가 나머지 일을 한다면 아버지가 일을 마치는 데 며칠이 걸리겠습니까?

[답]

11 학생들에게 사탕을 나누어 주는데 5개씩 나누어 주면 3개가 남고 6개씩 나누어 주면 5개가 모자랍니다. 이때 학생은 모두 몇 명입니까?

[답]

12 무게가 같은 공 8개가 들어 있는 바구니의 무게를 재어 보니 720g이었습니다. 이 중에서 공 3개만 꺼내어 공 3개의 무게를 재어 보니 195g이었습니다. 바구니만의 무게는 몇 g입니까?

[답]

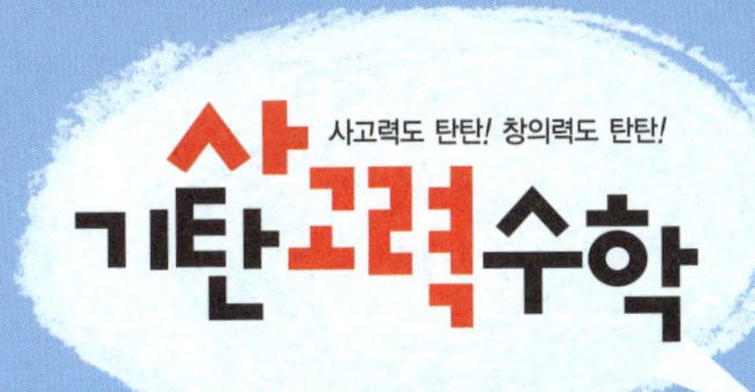

J5

J286a ~ J300b

학습 관리표

학습 내용		이번 주는?
확인 학습	· 원기둥의 겉넓이와 부피 · 경우의 수와 확률 · 방정식 · 창의력 학습 · 경시대회 예상문제 · 성취도 테스트	• 학습 방법 : ① 매일매일　② 가끔　③ 한꺼번에 　하였습니다. • 학습 태도 : ① 스스로 잘　② 시켜서 억지로 　하였습니다. • 학습 흥미 : ① 재미있게　② 싫증내며 　하였습니다. • 교재 내용 : ① 적합하다고 ② 어렵다고 ③ 쉽다고 　하였습니다.
지도 교사가 부모님께		부모님이 지도 교사께
평가	Ⓐ 아주 잘함　　Ⓑ 잘함　　Ⓒ 보통　　Ⓓ 부족함	

원(교)　　　　　반　이름　　　　　　전화

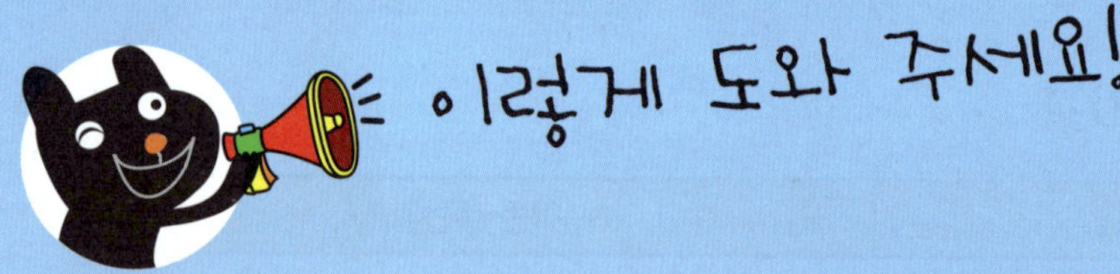

● 학습 목표

- 원기둥의 전개도를 통하여 원기둥의 겉넓이를 구하는 방법을 이해하고 여러 가지 원기둥의 겉넓이를 구할 수 있습니다.
- 원기둥의 부피 구하는 방법을 이해하고 여러 가지 원기둥의 부피를 구할 수 있습니다.
- 경우의 수의 뜻을 이해하여 여러 가지 경우의 수를 구할 수 있습니다.
- 확률의 의미를 이해하고 여러 가지 경우의 확률을 구할 수 있습니다.
- 미지수 x를 써서 방정식으로 나타내고 등식의 성질을 이용하여 방정식을 풀 수 있습니다.

● 지도 내용

- 여러 가지 원기둥의 겉넓이를 구하게 합니다.
- 여러 가지 원기둥의 부피를 구하게 합니다.
- 경우의 수의 뜻을 이해하게 하고 여러 가지 경우의 수를 구하게 합니다.
- 경우의 수를 바탕으로 확률의 의미를 이해하고 여러 가지 확률을 구하게 합니다.
- 미지수 x를 써서 방정식으로 나타내고 등식의 성질을 이용하여 방정식을 풀게 합니다.

● 지도 요점

앞에서 학습한 원기둥의 겉넓이와 부피, 경우의 수와 확률, 방정식을 알고 확인 학습하는 곳입니다. 여러 유형의 문제를 접해 보게 함으로써 아이가 학습한 지식을 잘 활용할 수 있도록 지도해 주십시오. 그리고 성취도 테스트를 이용해서 주어진 시간 내에 주어진 문제를 푸는 연습을 하도록 지도해 주십시오.

◆ 원기둥의 겉넓이와 부피 ◆

원기둥과 원기둥의 전개도를 보고 물음에 답하시오. [1~3]

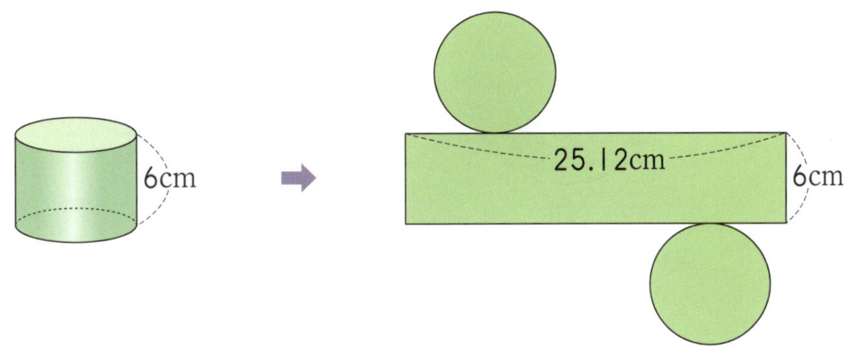

1 밑면인 원의 반지름의 길이를 구하시오.

[답]

2 원기둥의 한 밑면의 넓이와 옆넓이를 각각 구하시오.

[답]

3 원기둥의 겉넓이를 구하시오.

[답]

확인 학습

4 위와 앞에서 본 모양이 다음과 같은 원기둥이 있습니다. 이 원기둥의 겉넓이를 구하시오.

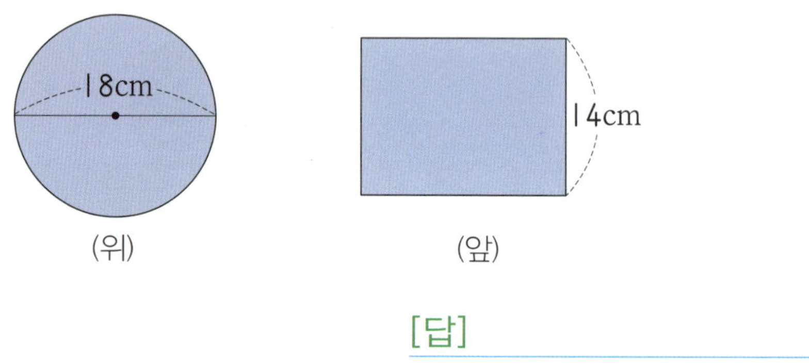

[답]

5 다음과 같은 원기둥의 옆면에 포장지를 한 바퀴 붙였습니다. 붙인 포장지의 넓이가 452.16cm^{2}일 때, 원기둥의 밑면의 반지름은 몇 cm입니까?

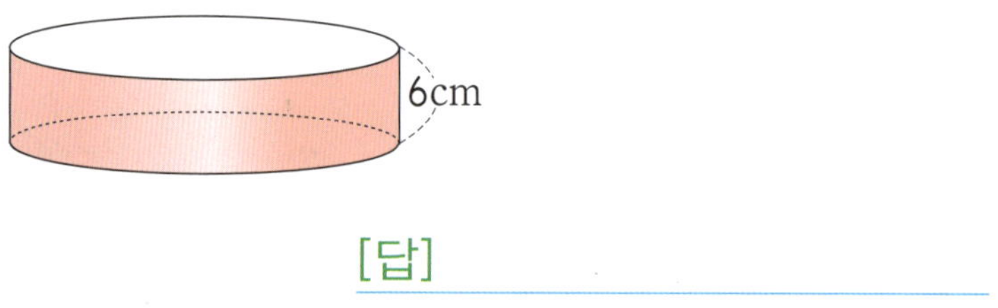

[답]

6 다음 직사각형을 각각 가로와 세로를 회전축으로 하여 한 번 돌려 입체도형을 만들었을 때, 만든 두 입체도형의 겉넓이의 차를 구하시오.

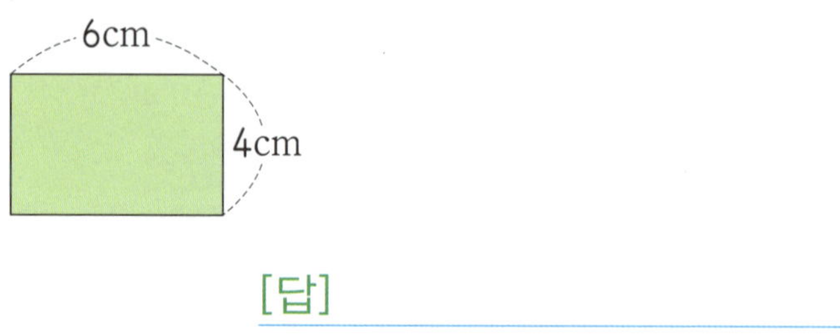

[답]

 확인 학습

확인 학습

7 옆넓이가 다음과 같은 원기둥이 있습니다. 이 원기둥의 높이를 구하시오.

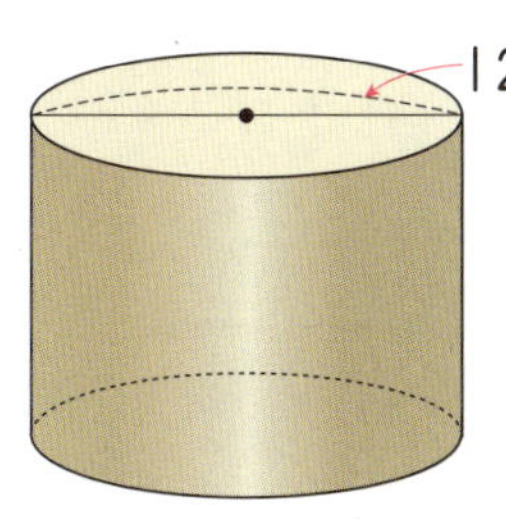

[답] ______________________________

8 그림과 같이 두 원기둥이 붙어 있는 모양의 입체도형이 있습니다. 이 입체도형의 겉넓이를 구하시오.

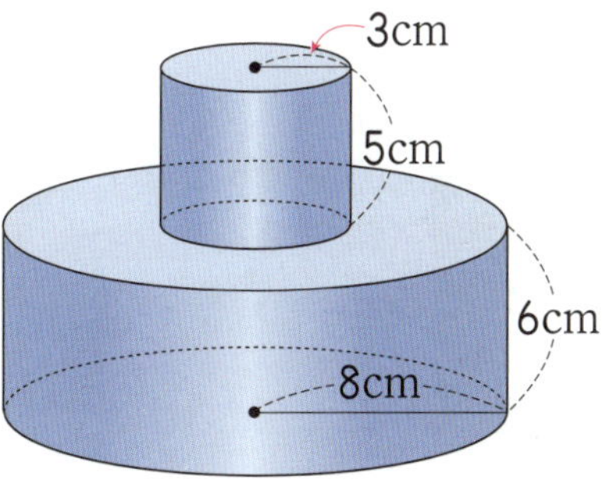

[답] ______________________________

9 다음 전개도로 만든 원기둥의 부피를 구하시오.

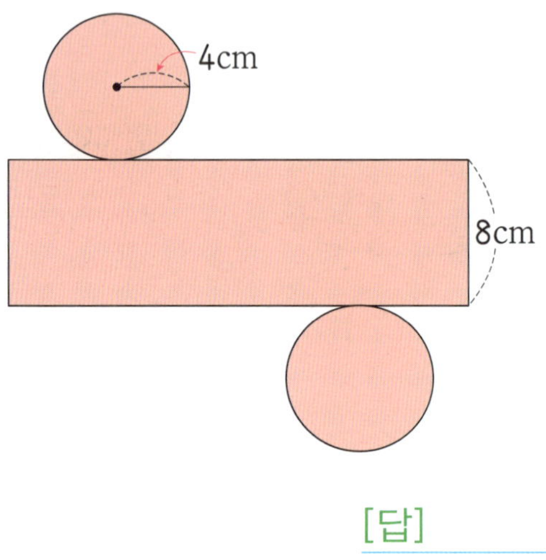

[답]

10 가와 나는 모두 한 밑면의 넓이가 78.5cm²인 원기둥입니다. 두 원기둥의 부피의 차를 구하시오.

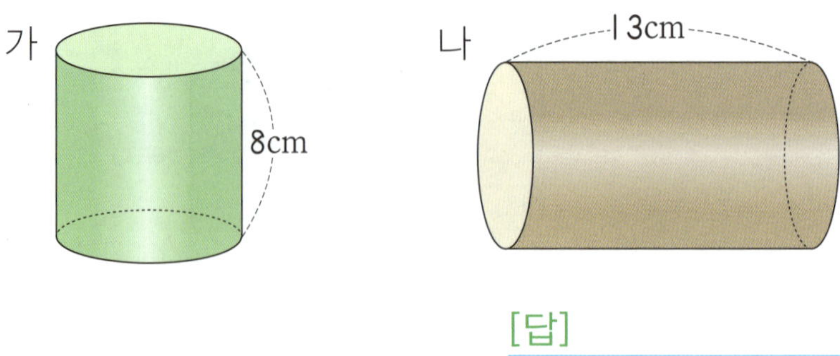

[답]

11 밑면의 모양이 그림과 같고 높이가 20cm인 롤케이크가 있습니다. 이 롤케이크의 부피는 몇 cm³입니까?

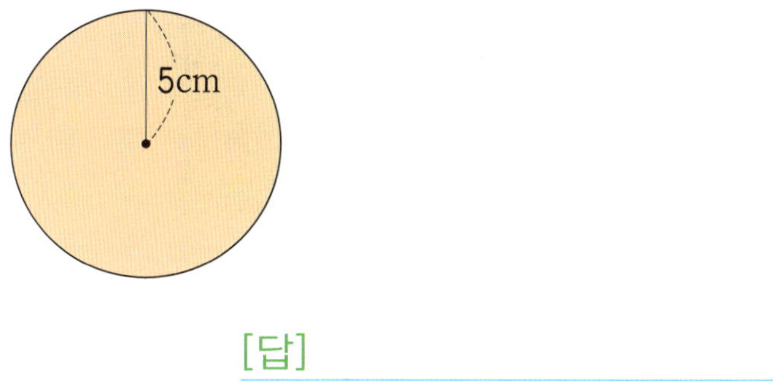

[답]

12 밑면의 반지름이 10cm이고 부피가 2512cm³인 원기둥이 있습니다. 이 원기둥의 높이는 몇 cm입니까?

[답]

13 다음 직사각형을 회전축을 중심으로 하여 한 번 돌려 얻는 입체도형의 부피는 몇 cm³입니까?

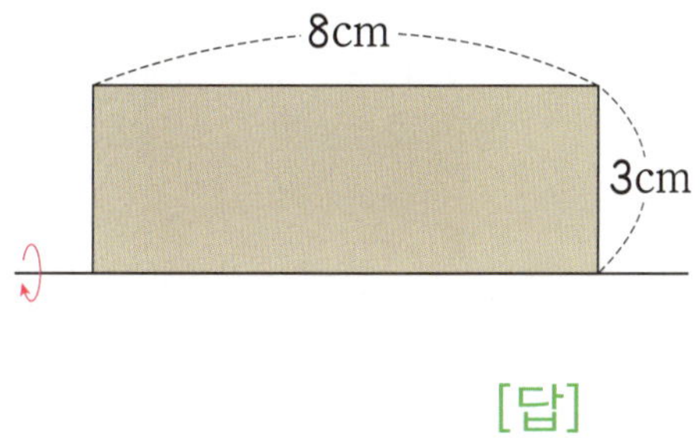

[답]

14 겉넓이가 다음과 같은 원기둥이 있습니다. 이 원기둥의 부피를 구하시오.

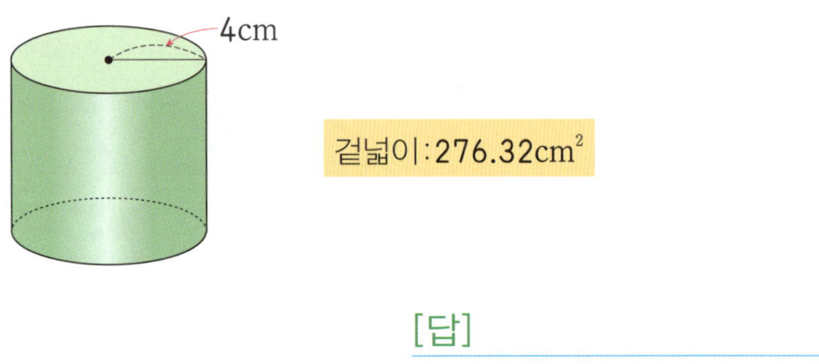

[답] ______________________

15 부피가 $1846.32cm^3$이고 밑면의 둘레가 **43.96cm**인 원기둥이 있습니다. 이 원기둥의 겉넓이를 구하시오.

[답] ______________________

16 다음 원기둥의 반지름과 높이를 각각 **3**배로 늘이면 부피는 몇 배 늘어나게 됩니까?

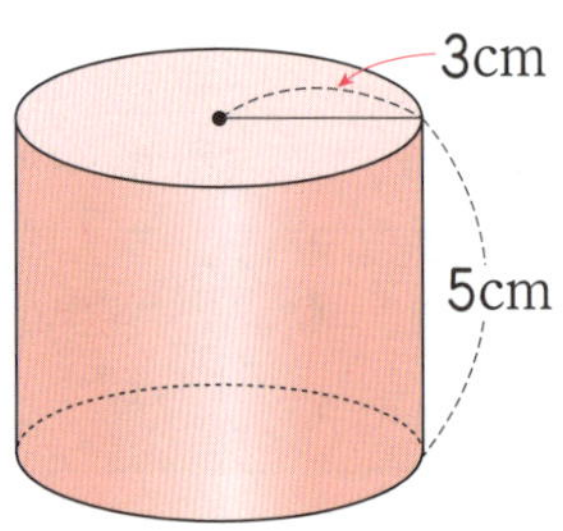

[답] ______________________

🐸 원기둥 모양의 물통에 담긴 물의 부피를 구하시오. [17~18]

17

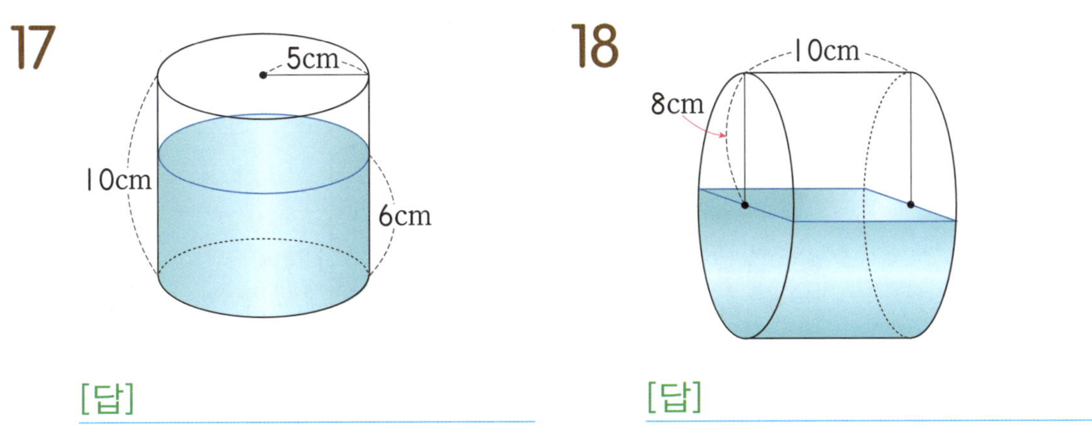

[답] _______________________

18

[답] _______________________

19 원기둥 모양의 케이크를 똑같이 4조각으로 나눈 다음 3조각을 먹었습니다. 남은 케이크의 부피를 구하시오.

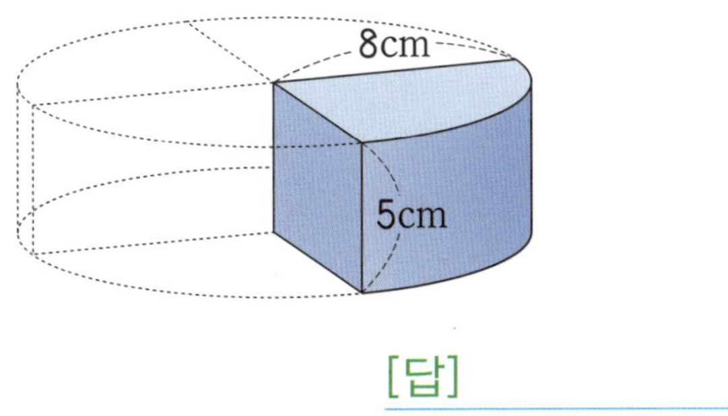

[답] _______________________

20 안치수가 그림과 같은 원기둥 모양의 물통이 2개 있습니다. 나 물통에 물을
가득 채우려면 가 물통에 물을 가득 채워 몇 번을 부어야 합니까?

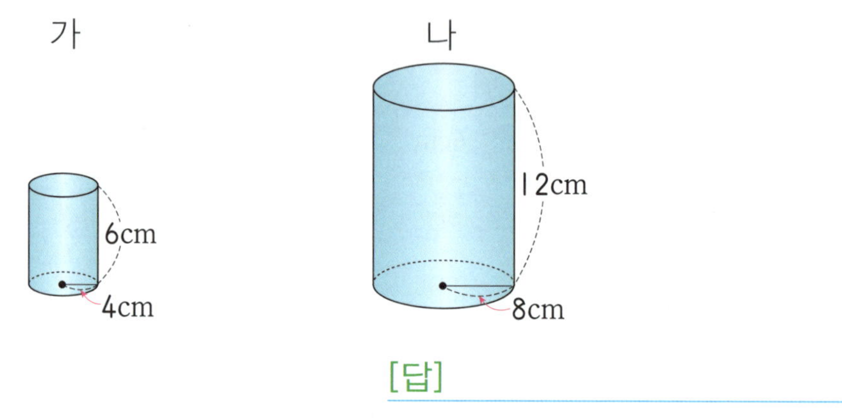

[답]

21 그림과 같이 물이 들어 있는 원기둥 모양의 수조에 돌을 넣었더니 물의 높이
가 2cm 높아졌습니다. 돌의 부피는 몇 cm³입니까?

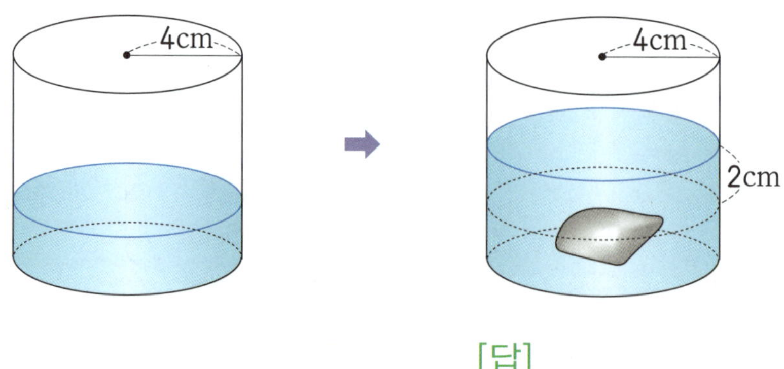

[답]

확인 학습

🌸 이름 :

🌸 날짜 :

🌸 시간 :　시　분 ~　시　분

확인

◆ **경우의 수와 확률** ◆

1 윷놀이를 하는데 똑같은 윷 4개를 던져서 나올 수 있는 경우의 수는 얼마입니까?

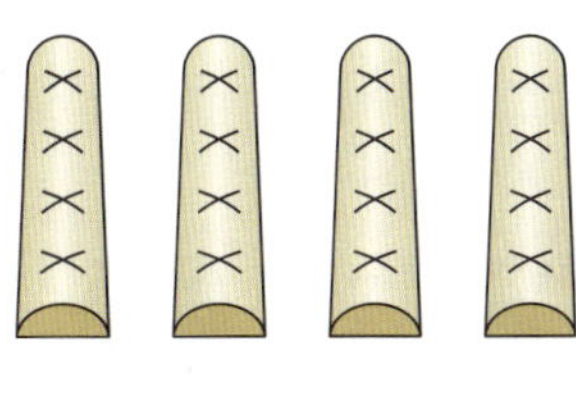

[답]

2 다음 숫자 카드 중에서 한 장을 뽑을 때 8의 약수가 나올 수 있는 경우의 수는 얼마입니까?

[답]

3 동전 한 개와 주사위 한 개를 던졌을 때 나올 수 있는 경우의 수는 얼마입니까?

[답]

4 지수는 윗옷이 **4**벌, 아래옷이 **3**벌 있습니다. 지수가 이들 옷을 바꿔 가며 서로 다르게 입을 수 있는 경우의 수는 얼마입니까?

[답]

5 주희와 성현이가 가위바위보를 하고 있습니다. 주희가 이기는 경우의 수는 얼마입니까?

[답]

6 서로 다른 두 개의 주사위를 동시에 던졌을 때 나온 두 눈의 수의 합이 **5**인 경우의 수는 얼마입니까?

[답]

 확인 학습

7 소영, 유진, 선희가 한 팀이 되어 **400m** 이어달리기를 하려고 합니다. 달리는 순서를 정하는 경우의 수는 얼마입니까?

[답]

다음 숫자 카드 중에서 3장을 뽑아 세 자리 수를 만들려고 합니다. 물음에 답하시오. [8~9]

8 세 자리 수를 만들 수 있는 경우의 수는 얼마입니까?

[답]

9 만든 세 자리 수가 600 이상 800 이하일 경우의 수는 얼마입니까?

[답]

10 모둠원 5명 중에서 모둠장 1명과 도우미 1명을 뽑는 경우의 수는 얼마입니까?

[답]

11 학교 대표 6명이 모여 2명씩 친선 탁구 경기를 하려고 합니다. 서로 한 번씩 경기를 하려면 경기를 모두 몇 번 해야 합니까?

[답]

12 경진이네 집에서 박물관까지 가장 가까운 거리로 갈 수 있는 방법은 몇 가지입니까?

[답]

확인 학습

13 주머니 속에 10원짜리, 50원짜리, 100원짜리, 500원짜리 동전이 각각 한 개씩 들어 있습니다. 한 번에 동전 2개를 꺼낼 때 나올 수 있는 동전 금액의 합을 모두 쓰시오.

[답]

14 주사위 1개를 던졌을 때 홀수의 눈이 나올 확률은 얼마입니까?

[답]

15 주머니 속에 노란 구슬 4개와 파란 구슬 5개가 들어 있습니다. 주머니 속을 보지 않고 구슬 한 개를 꺼낼 때 노란 구슬이 나올 확률은 얼마입니까?

[답]

16 상자 안에 제비가 50개 들어 있습니다. 그중에 당첨 제비가 12개라면 무심코 제비를 한 장 뽑았을 때 당첨될 확률은 몇 %입니까?

[답]

17 어느 공장에서 단추를 만드는데 100개 중 6개의 비율로 불량품이 나온다고 합니다. 이 공장에서 나온 단추 중 한 개를 뽑았을 때 뽑은 것이 정상품일 확률은 얼마입니까?

[답]

18 동전 2개를 동시에 던질 때 숫자면만 나올 확률을 구하시오.

[답]

 확인 학습

확인 학습

19 서로 다른 2개의 주사위를 동시에 던질 때 나오는 두 눈의 수가 같을 확률은 얼마입니까?

[답]

20 희원, 은주, 정웅이가 가위바위보를 하고 있습니다. 서로 비길 확률은 얼마입니까?

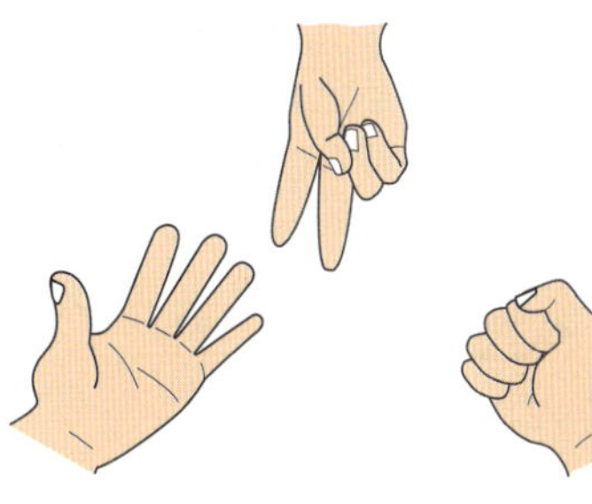

[답]

21 경주, 새봄, 나우, 진경, 은수 5명의 후보 중에서 회장 1명과 부회장 1명을 뽑으려고 합니다. 새봄이가 부회장이 될 확률은 얼마입니까?

[답]

22 주머니 속에 10원짜리, 50원짜리, 100원짜리 동전이 각각 한 개씩 들어 있습니다. 주머니에서 동전 2개를 차례로 꺼낼 때, 100원짜리 동전이 먼저 나올 확률을 구하시오.

[답]

23 다음 4장의 숫자 카드 중에서 동시에 2장을 뽑아 두 자리 수를 만들 때 60보다 클 확률은 얼마입니까?

[답]

24 주사위 두 개를 동시에 던질 때 나온 눈의 차가 1 이상 3 이하일 확률을 구하시오.

[답]

 확인 학습

◆ 방정식 ◆

1 수직선을 보고 x를 사용하여 식으로 써 보시오.

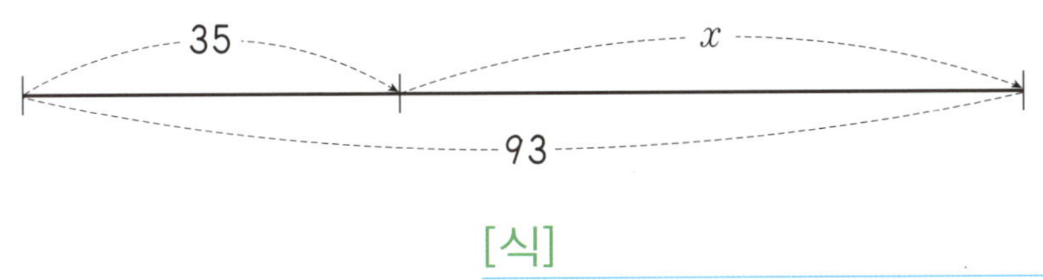

[식]

🐸 다음을 등식으로 나타내시오. [2~3]

2 어떤 수 x의 4배에 15를 더한 수는 13의 3배와 같습니다.

[식]

3 어떤 수 x를 6으로 나눈 수는 3의 3배보다 1 작습니다.

[식]

확인 학습

4 다음 중에서 방정식은 어느 것입니까? (　　　　　)

① $4 \times x + 12$　　　　② $(x-2) \times 7$
③ $x \div 2 + 6 = 9$　　　　④ $8 + x \div 5$

5 다음 중에서 x 대신에 4를 넣었을 때 참이 되는 식을 찾아 기호를 쓰시오.

> ㉠ $x + 4 = 9$　　　㉡ $3 \times x = 15$
> ㉢ $x \times 5 - 3 = 15$　　㉣ $x \div 2 + 4 = 6$

[답]

6 방정식 $2 \times x + 3 = 11$에서 x 대신에 넣어서 참이 되게 하는 수는 어느 것입니까? (　　　　　)

① 1　　　　② 2　　　　③ 3　　　　④ 4

7 다음 방정식을 참이 되게 하는 x의 값에 ◯표 하시오.

$$18 = 4 \times x - 6 \quad (\,5, \ 6, \ 7, \ 8\,)$$

8 x 대신에 1, 2, 3, 4를 넣어서 방정식 $\dfrac{3}{4} \times x + 2 = 3\dfrac{1}{2}$ 을 참이 되게 하는 x 의 값을 구하시오.

[답]

9 방정식 $x - 6 = 12$를 계산하는 데 이용하는 등식의 성질은 어느 것입니까?

(　　　　)

① 등식의 양쪽에 같은 수를 더해도 등식은 성립합니다.
② 등식의 양쪽에서 같은 수를 빼도 등식은 성립합니다.
③ 등식의 양쪽에 같은 수를 곱해도 등식은 성립합니다.
④ 등식의 양쪽을 0이 아닌 같은 수로 나누어도 등식은 성립합니다.

10 x의 값을 구하기 위하여 ☐ 안에 알맞은 수를 써넣으시오.

$$34 = x + 6 \;\Rightarrow\; 34 - \boxed{} = x + 6 - \boxed{}$$

11 다음 중 x의 값을 구하기 위해서 등식의 성질을 바르게 이용한 것은 어느 것입니까? (   )

① $x + 4 = 6$이면 $x + 4 = 6 + 4$
② $x - 5 = 3$이면 $x - 5 - 3 = 3 - 3$
③ $x \times 6 = 36$이면 $x \times 6 \div 6 = 36 \div 6$
④ $x \div 3 = 9$이면 $x \div 3 \div 3 = 9 \div 3$

12 방정식 $x \times 5 - 4 = 16$을 등식의 성질을 이용하여 $x \times \square = \triangle$의 꼴로 나타낼 때, $\square$와 $\triangle$의 값을 각각 구하시오.

[답]

확인 학습

13 $x \div 4 + 8 = 11$에서 x의 값을 구하기 위하여 이용하는 등식의 성질을 모두 써 보시오.

등식의 성질을 이용하여 다음 방정식을 풀어 보시오. [14~16]

14 $9 + 3 \times x = 15$

15 $x \div 0.2 - 4 = 1.5$

16 $\dfrac{x}{6} - \dfrac{1}{2} = 1$

확인 학습

17 어떤 수의 6배에 10을 더하였더니 22가 되었습니다. 어떤 수는 얼마입니까?

[답]

18 45를 어떤 수로 나눈 몫에서 7을 뺀 수는 2입니다. 어떤 수는 얼마입니까?

[답]

19 연속하는 세 짝수의 합이 78입니다. 이 세 짝수 중 가운데 수를 구하시오.

[답]

 확인 학습

20 사탕 60개를 친구들에게 한 명당 4개씩 나누어 주었더니 8개가 남았습니다. 사탕을 나누어 준 친구는 모두 몇 명입니까?

[답]

21 민영이가 오늘 사용한 용돈은 어제 사용한 용돈의 2배보다 200원이 적다고 합니다. 민영이가 오늘 사용한 용돈이 1400원이면 어제 사용한 용돈은 얼마입니까?

[답]

22 삼촌의 나이는 40살이고, 석주의 나이는 12살입니다. 몇 년 후에 삼촌의 나이가 석주의 나이의 3배가 됩니까?

[답]

23 윗변이 $x$cm, 아랫변이 10cm이고 높이가 6cm인 사다리꼴의 넓이가 48cm^{2}입니다. 이 사다리꼴의 윗변의 길이를 구하시오.

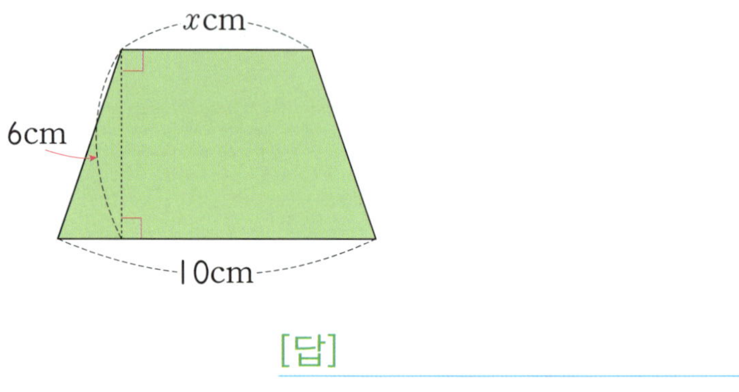

[답]

24 무게가 같은 사과 5개가 들어 있는 바구니의 무게를 재어 보니 1000g이었습니다. 이 중에서 사과 2개만 꺼내어 사과 2개의 무게를 재어 보니 360g이었습니다. 바구니만의 무게는 몇 g입니까?

[답]

25 어떤 일을 하는 데 영민이는 15일, 준하는 12일이 걸린다고 합니다. 이 일을 영민이가 5일 동안 한 후에 준하가 나머지 일을 한다면 준하가 일을 마치는 데 며칠이 걸리겠습니까?

[답]

✿ 이름 :

✿ 날짜 :

✿ 시간 :　　시　　분 ~　　시　　분

확인

🔵 창의력 학습

전구 1개로 켜져 있는 경우와 꺼져 있는 경우의 두 가지 표현을 할 수 있습니다. 이때 전구 5개에 번호를 매겨 차례대로 배열했다고 하면 여기서 가능한 표현은 모두 몇 가지일까요? (단, 전구가 모두 꺼져 있는 경우는 표현에서 제외하기로 합니다.)

[답]

다음 주어진 등식의 성질을 이용하여 풀 수 있는 문제를 학생들이 만들었습니다.
문제를 잘못 만든 학생은 누구입니까?

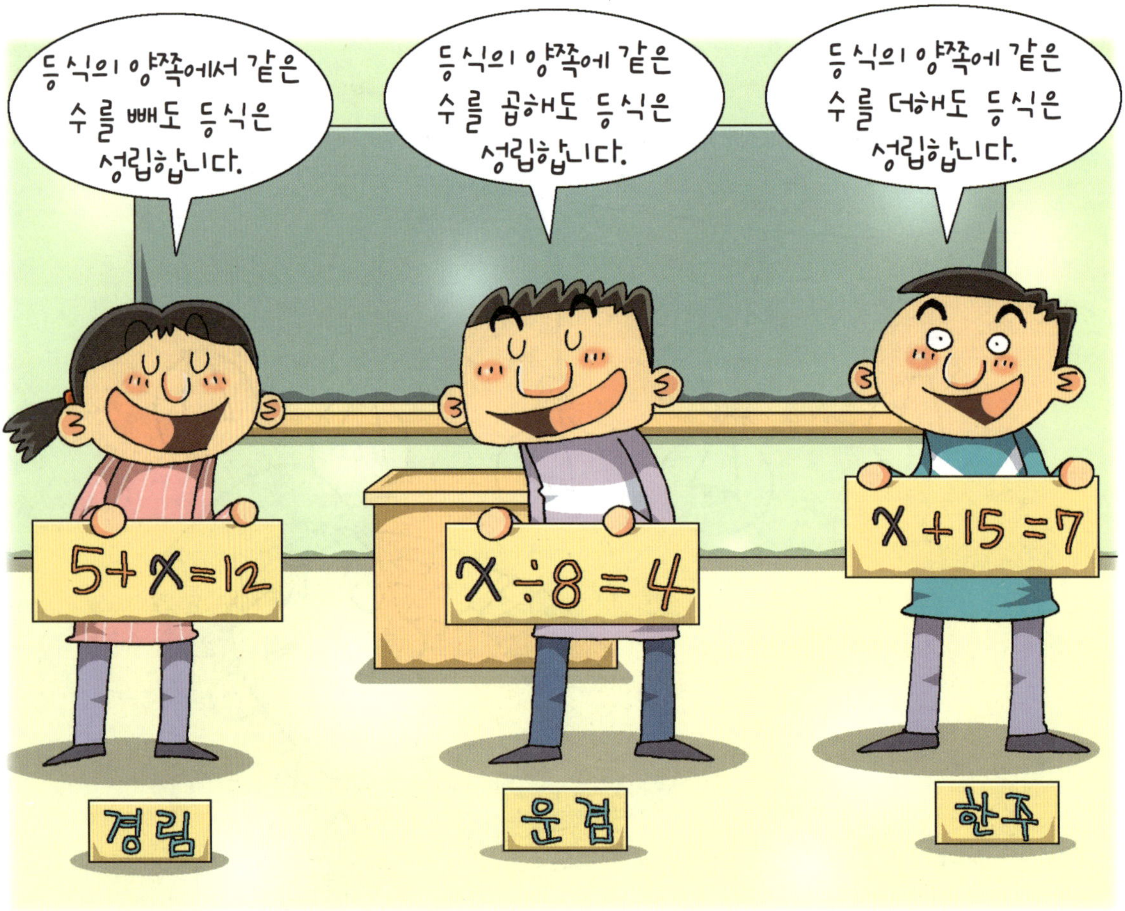

[답]

경시대회 예상문제

1 다음 전개도를 접었을 때 생기는 원기둥의 옆넓이가 301.44cm²일 때, 밑면의 반지름은 몇 cm입니까?

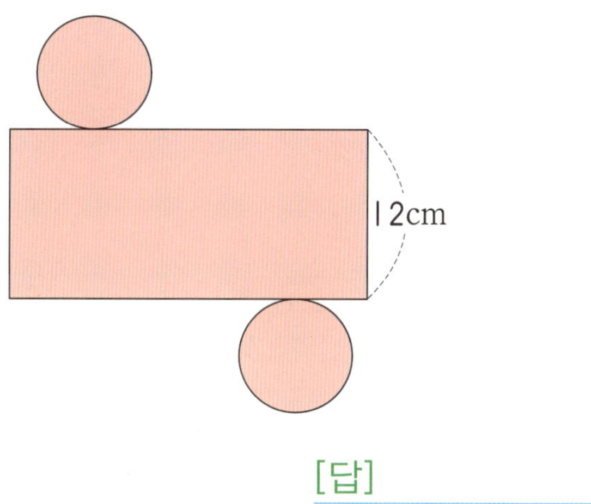

[답]

2 그림과 같이 밑면이 반원 모양인 윷가락이 4개 있습니다. 윷가락의 겉면에 색을 칠하려고 합니다. 윷가락 4개에 색을 칠해야 할 넓이는 모두 몇 cm²입니까?

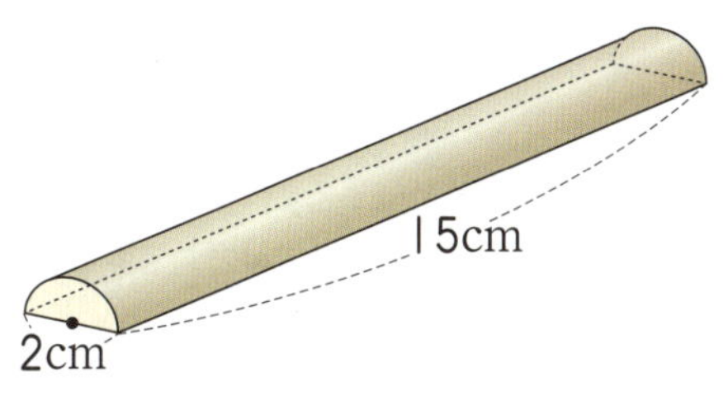

[답]

서술형·논술형

3 그림과 같이 직사각형을 회전축을 중심으로 하여 한 번 돌려 회전체를 만들었습니다. 만든 회전체의 부피는 몇 cm^{3}인지 풀이 과정을 쓰고 답을 구하시오.

[답]

4 태권도 대회에 참가한 6명의 선수가 서로 한 번씩 겨루기를 하려고 합니다. 한 번에 한 경기씩 진행되고, 한 경기당 경기 시간이 3분이라면 전체 경기 시간은 몇 분이 되겠습니까?

[답]

5 크고 작은 두 개의 주사위를 동시에 던질 때 나오는 눈의 수의 곱이 25 이상이 되는 경우의 수는 얼마입니까?

[답]

6 200개의 제비 중에서 한 장을 뽑았을 때 당첨 제비일 확률이 $\dfrac{1}{25}$이었다고 합니다. 200개의 제비 중 당첨 제비는 몇 개입니까?

[답]

7 주머니 속에 빨간색, 파란색, 노란색 공이 각각 6개, 5개, 3개 들어 있습니다. 주머니 속을 보지 않고 한 개의 공을 꺼낼 때 파란색 공이 나올 확률은 노란색 공이 나올 확률보다 얼마나 더 큽니까?

[답]

서술형·논술형

8 래미는 같은 수의 사탕이 들어 있는 사탕통 2개를 가지고 있습니다. 사탕 18개를 동생에게 주었더니 34개의 사탕이 남았다고 하면 사탕통 한 개에는 사탕이 몇 개 들어 있었는지 풀이 과정을 쓰고 답을 구하시오.

[답]

9 3점짜리 문제와 4점짜리 문제로만 되어 있는 시험 문제가 30문제 출제되었다고 합니다. 100점 만점이라고 할 때 4점짜리 문제는 몇 개 출제되었습니까?

[답]

10 진이네는 가족과 함께 거리가 200km 떨어진 할머니 댁에 가고 있습니다. 매 시간 80km의 속도로 자동차를 타고 가고 있는데 남은 거리가 60km라고 합니다. 진이네 가족이 자동차를 타고 간 시간은 몇 시간 몇 분입니까?

[답]

11 어떤 일을 하는 데 형빈이는 18일이 걸리고, 정원이는 15일 걸린다고 합니다. 처음에 형빈이와 정원이가 5일 동안 일을 같이 한 후 남은 일을 형빈이가 혼자 하여 마쳤습니다. 형빈이가 남은 일을 혼자 마치는 데 걸린 시간은 며칠입니까?

[답]

1 다음 원기둥의 전개도를 접었을 때 생기는 원기둥의 겉넓이를 구하시오.

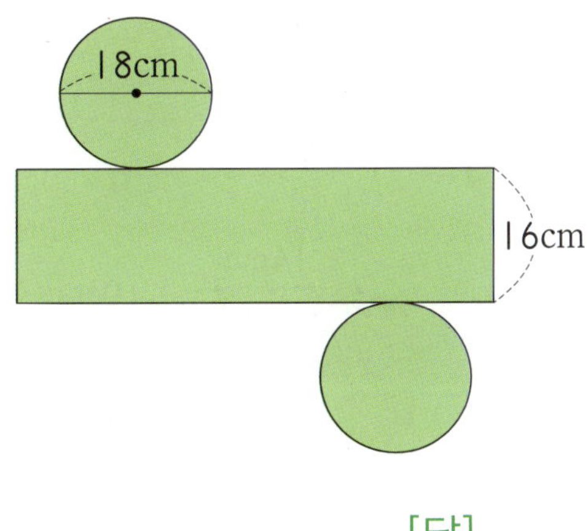

[답]

2 두 원기둥의 겉넓이의 차를 구하시오.

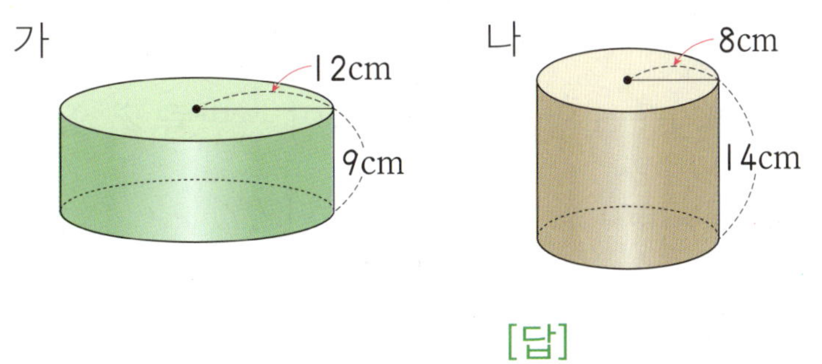

[답]

3 한 밑면의 넓이가 153.86cm²이고 높이가 15cm인 원기둥의 겉넓이를 구하시오.

[답]

4 그림과 같은 직사각형을 회전축을 중심으로 한 번 돌렸을 때 만들어지는
회전체의 부피를 구하시오.

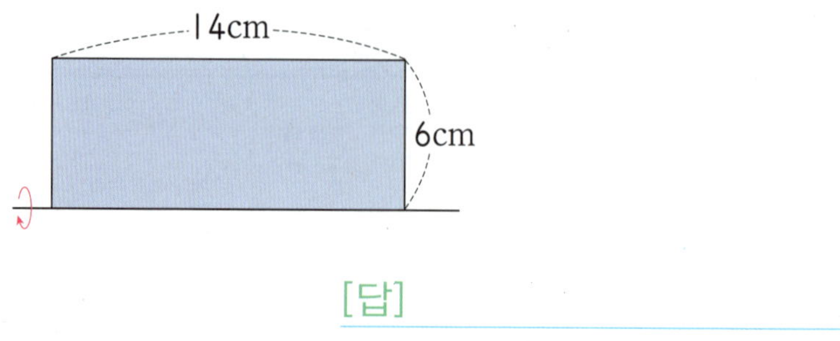

[답]

5 다음 입체도형의 부피를 구하시오.

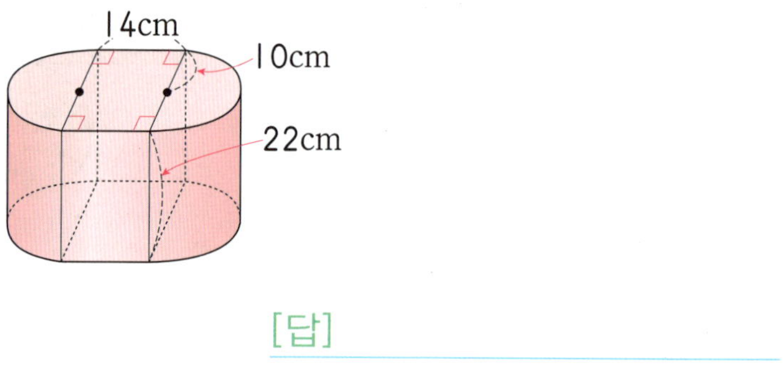

[답]

6 그림과 같은 원기둥 모양의 그릇에 물이 $\frac{1}{3}$만큼 차 있습니다. 그릇에 물을
가득 채우려면 몇 cm^3를 더 부어야 합니까?

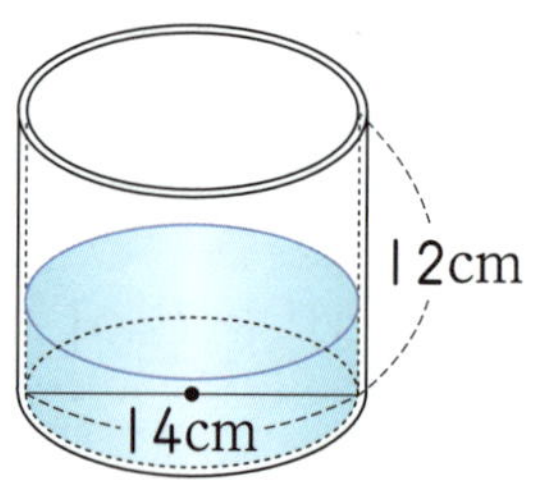

[답]

7 주머니 속에 1 부터 10 까지의 숫자 카드가 한 장씩 들어 있습니다. 이 카드 중에서 한 장을 뽑을 때 2의 배수가 나올 경우의 수는 얼마입니까?

[답]

8 승호와 영범이가 가위바위보를 하고 있습니다. 영범이가 이기는 경우의 수는 얼마입니까?

[답]

9 100원짜리 동전 1개와 주사위 1개를 동시에 던졌을 때 동전은 그림면, 주사위는 4의 약수의 눈이 나오는 경우의 수는 얼마입니까?

[답]

10 민재, 서정, 현상, 미송이가 한 팀이 되어 이어달리기를 하려고 합니다. 이어달리기 순서를 정하는 경우의 수는 얼마입니까?

[답]

11 집에서 체육관까지 가장 가까운 길로 갈 수 있는 방법은 모두 몇 가지입니까?

[답] ________________________

12 어느 컴퓨터 공장에서 만드는 컴퓨터 2만 대 중 8대의 비율로 불량품이 있다고 합니다. 이 공장에서 만든 컴퓨터 중에서 한 대를 샀을 때 이 컴퓨터가 정상품일 확률은 몇 %입니까?

[답] ________________________

13 색깔이 다른 두 개의 주사위를 동시에 던졌을 때 나오는 두 눈의 수의 합이 10 이상일 확률은 얼마입니까?

 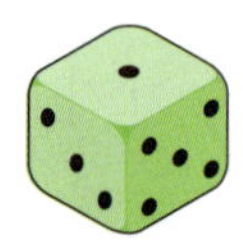

[답] ________________________

14 방정식 $x \div 4 + 5 = 13$을 계산하는 데 이용하는 등식의 성질을 모두 찾아 기호를 쓰시오.

> ㉠ □=△이면 □+☆=△+☆
> ㉡ □=△이면 □−☆=△−☆
> ㉢ □=△이면 □×☆=△×☆
> ㉣ ☆은 0이 아닐 때, □=△이면 □÷☆=△÷☆

[답] ________________

15 등식의 성질을 이용하여 방정식을 풀어 보시오.

(1) $\dfrac{1}{4} \times x - 8 = 4$　　　　　　　(2) $x \div 0.6 + 1 = 2.5$

16 방정식 $8 \times x + 5 = 21$을 등식의 성질을 이용하여 □×x=△의 꼴로 나타낼 때, □와 △의 값을 각각 구하시오.

[답] ________________

17 어떤 수를 12로 나눈 몫에서 2를 뺀 수는 3입니다. 어떤 수를 구하시오.

[식] ________________　　　　　[답] ________________

18 명수는 800원짜리 과자 한 봉지와 200원짜리 막대 사탕 몇 개를 사고 2400원을 지불하였습니다. 명수가 산 막대 사탕은 몇 개입니까?

[답]

19 할머니의 나이는 68살이고, 정훈이의 나이는 14살입니다. 몇 년 후에 할머니의 나이가 정훈이의 나이의 4배가 되겠습니까?

[답]

20 어떤 일을 하는 데 선준이는 18일 걸리고, 아인이는 24일 걸린다고 합니다. 이 일을 선준이가 6일 동안 한 후에 아인이가 나머지 일을 한다면 아인이가 일을 마치는 데 며칠이 걸리겠습니까?

[답]

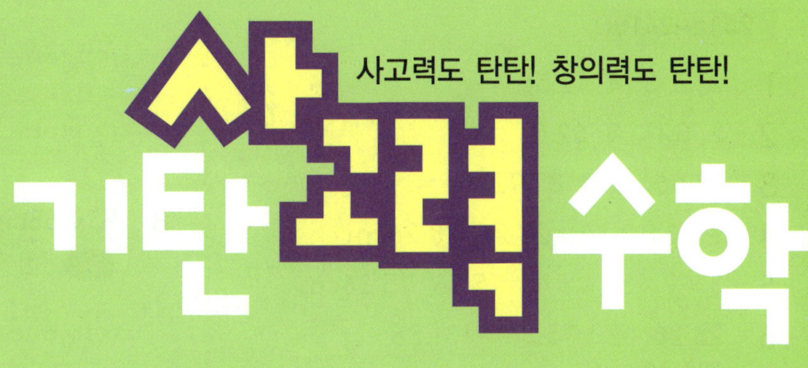

사고력 기탄교력 수학 해답

241a~241b

1. 2, 2, 3.14, 12.56
2. 2, 3.14, 5, 62.8
3. 12.56, 62.8, 87.92
4. $3 \times 3 \times 3.14 = 28.26$, $28.26 cm^2$
5. $3 \times 2 \times 3.14 \times 4 = 75.36$, $75.36 cm^2$
6. $28.26 \times 2 + 75.36 = 131.88$, $131.88 cm^2$

242a~242b

1. $4 \times 4 \times 3.14 = 50.24$, $50.24 cm^2$
2. $4 \times 2 \times 3.14 \times 8 = 200.96$, $200.96 cm^2$
3. $50.24 \times 2 + 200.96 = 301.44$, $301.44 cm^2$
4. $1004.8 cm^2$

   풀이 (한 밑면의 넓이)$= 8 \times 8 \times 3.14$
   $= 200.96(cm^2)$
   (옆넓이)$= 8 \times 2 \times 3.14 \times 12$
   $= 602.88(cm^2)$
   (겉넓이)$= 200.96 \times 2 + 602.88$
   $= 1004.8(cm^2)$

5. $244.92 cm^2$

   풀이 (한 밑면의 넓이)$= 3 \times 3 \times 3.14$
   $= 28.26(cm^2)$
   (옆넓이)$= 3 \times 2 \times 3.14 \times 10$
   $= 188.4(cm^2)$
   (겉넓이)$= 28.26 \times 2 + 188.4$
   $= 244.92(cm^2)$

6. $1193.2 cm^2$

   풀이 밑면의 반지름은 10cm입니다.
   (한 밑면의 넓이)$= 10 \times 10 \times 3.14$
   $= 314(cm^2)$
   (옆넓이)$= 20 \times 3.14 \times 9 = 565.2(cm^2)$
   (겉넓이)$= 314 \times 2 + 565.2$
   $= 1193.2(cm^2)$

7. $1130.4 cm^2$

   풀이 밑면의 반지름은 9cm입니다.
   (한 밑면의 넓이)$= 9 \times 9 \times 3.14$
   $= 254.34(cm^2)$
   (옆넓이)$= 18 \times 3.14 \times 11$
   $= 621.72(cm^2)$
   (겉넓이)$= 254.34 \times 2 + 621.72$
   $= 1130.4(cm^2)$

8. $979.68 cm^2$

   풀이 (한 밑면의 넓이)$= 6 \times 6 \times 3.14$
   $= 113.04(cm^2)$
   (옆넓이)$= 6 \times 2 \times 3.14 \times 20$
   $= 753.6(cm^2)$
   (겉넓이)$= 113.04 \times 2 + 753.6$
   $= 979.68(cm^2)$

9. $2034.72 cm^2$

   풀이 (한 밑면의 넓이)$= 12 \times 12 \times 3.14$
   $= 452.16(cm^2)$
   (옆넓이)$= 12 \times 2 \times 3.14 \times 15$
   $= 1130.4(cm^2)$
   (겉넓이)$= 452.16 \times 2 + 1130.4$
   $= 2034.72(cm^2)$

243a~243b

1. $5 \times 5 \times 3.14 = 78.5$, $78.5 cm^2$
2. $5 \times 2 \times 3.14 \times 10 = 314$, $314 cm^2$
3. $78.5 \times 2 + 314 = 471$, $471 cm^2$
4. $803.84 cm^2$

   풀이 (한 밑면의 넓이)$= 8 \times 8 \times 3.14$
   $= 200.96(cm^2)$
   (옆넓이)$= 8 \times 2 \times 3.14 \times 8$
   $= 401.92(cm^2)$
   (겉넓이)$= 200.96 \times 2 + 401.92$
   $= 803.84(cm^2)$

5. $791.28 cm^2$

   풀이 (한 밑면의 넓이)$= 6 \times 6 \times 3.14$
   $= 113.04(cm^2)$
   (옆넓이)$= 6 \times 2 \times 3.14 \times 15$
   $= 565.2(cm^2)$
   (겉넓이)$= 113.04 \times 2 + 565.2$
   $= 791.28(cm^2)$

6. $2110.08 cm^2$

   풀이 밑면의 반지름은 12cm입니다.

(한 밑면의 넓이)$=12\times12\times3.14$
$\qquad\qquad\qquad=452.16(\text{cm}^2)$
(옆넓이)$=24\times3.14\times16$
$\qquad\quad=1205.76(\text{cm}^2)$
(겉넓이)$=452.16\times2+1205.76$
$\qquad\quad=2110.08(\text{cm}^2)$

7 2204.28cm^2

> **풀이** (한 밑면의 넓이)$=9\times9\times3.14$
> $\qquad\qquad\qquad\quad=254.34(\text{cm}^2)$

(옆넓이)$=9\times2\times3.14\times30$
$\qquad\quad=1695.6(\text{cm}^2)$
(겉넓이)$=254.34\times2+1695.6$
$\qquad\quad=2204.28(\text{cm}^2)$

244a~244b

1 10cm

> **풀이** 밑면의 반지름의 길이를 □cm라고 하면 □$\times2\times3.14=62.8$이므로 □$=62.8\div3.14\div2=10(\text{cm})$입니다.

2 314cm^2

> **풀이** $10\times10\times3.14=314(\text{cm}^2)$

3 1256cm^2

> **풀이** $62.8\times20=1256(\text{cm}^2)$

4 1884cm^2

> **풀이** $314\times2+1256=1884(\text{cm}^2)$

5 16cm

> **풀이** $50.24\div3.14=16(\text{cm})$

6 $200.96\text{cm}^2,\ 753.6\text{cm}^2$

> **풀이** 밑면의 지름이 16cm이므로 밑면의 반지름은 8cm입니다.
> (한 밑면의 넓이)$=8\times8\times3.14$
> $\qquad\qquad\qquad\quad=200.96(\text{cm}^2)$

(옆넓이)$=50.24\times15=753.6(\text{cm}^2)$

7 1155.52cm^2

> **풀이** (겉넓이)$=200.96\times2+753.6$
> $\qquad\qquad\quad=1155.52(\text{cm}^2)$

8 1356.48cm^2

> **풀이** 밑면의 원주가 75.36cm이므로 밑면의 지름은 $75.36\div3.14=24(\text{cm})$이고

밑면의 반지름은 12cm입니다.
(한 밑면의 넓이)$=12\times12\times3.14$
$\qquad\qquad\qquad=452.16(\text{cm}^2)$
(옆넓이)$=75.36\times6=452.16(\text{cm}^2)$
(겉넓이)$=452.16\times2+452.16$
$\qquad\quad=1356.48(\text{cm}^2)$

245a~245b

1 87.92cm^2

> **풀이** 가로를 회전축으로 하여 한 번 돌려 얻은 입체도형은 다음과 같습니다.

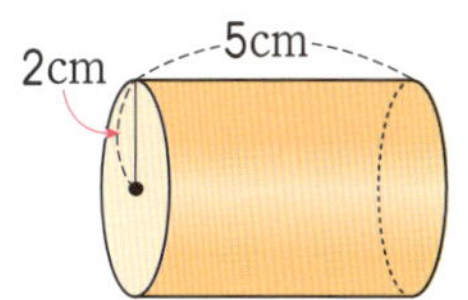

(겉넓이)
$=(2\times2\times3.14)\times2+2\times2\times3.14\times5$
$=12.56\times2+62.8=87.92(\text{cm}^2)$

2 219.8cm^2

> **풀이** 세로를 회전축으로 하여 한 번 돌려 얻은 입체도형은 다음과 같습니다.

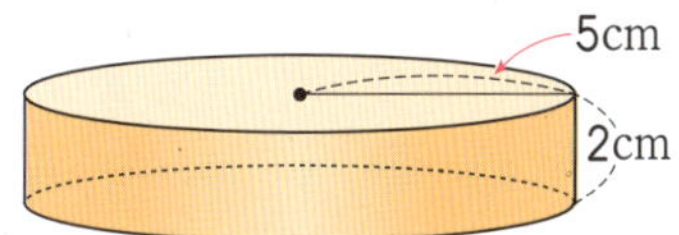

(겉넓이)
$=(5\times5\times3.14)\times2+5\times2\times3.14\times2$
$=78.5\times2+62.8=219.8(\text{cm}^2)$

3 2512cm^2

> **풀이** 가로를 회전축으로 하여 한 번 돌려 얻은 입체도형은 다음과 같습니다.

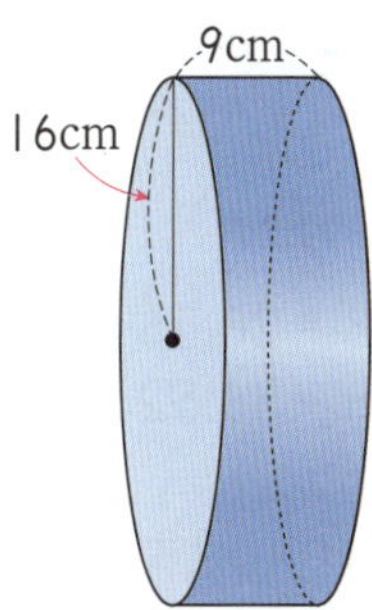

(겉넓이)
$=(16\times16\times3.14)\times2+16\times2\times3.14\times9$
$=803.84\times2+904.32=2512(\text{cm}^2)$

4 1413cm²

풀이 세로를 회전축으로 하여 한 번 돌려 얻은 입체도형은 다음과 같습니다.

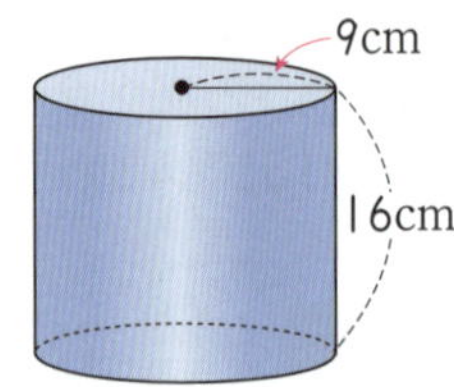

(겉넓이)
$= (9 \times 9 \times 3.14) \times 2 + 9 \times 2 \times 3.14 \times 16$
$= 254.34 \times 2 + 904.32 = 1413(\text{cm}^2)$

5 가로, 1099cm²

246a~246b

1 282.6cm²

풀이 필요한 색종이의 넓이는 원기둥의 옆넓이와 같습니다.
$5 \times 2 \times 3.14 \times 9 = 282.6(\text{cm}^2)$

2 16cm

풀이 $\square \times 3.14 \times 10 = 502.4(\text{cm}^2)$이므로 $\square = 502.4 \div 10 \div 3.14 = 16(\text{cm})$입니다.

3 5cm

풀이 밑면의 원주는
$188.4 \div 6 = 31.4(\text{cm})$이고
$31.4 = (\text{반지름}) \times 2 \times 3.14$
$\quad\quad = (\text{반지름}) \times 6.28$이므로
$(\text{반지름}) = 31.4 \div 6.28 = 5(\text{cm})$입니다.

4 4cm

풀이 (한 밑면의 넓이)$= 3 \times 3 \times 3.14$
$\quad\quad\quad\quad\quad\quad = 28.26(\text{cm}^2)$
(겉넓이)$= 28.26 \times 2 + (\text{옆넓이})$
$\quad\quad\quad = 131.88(\text{cm}^2)$
(옆넓이)$= 131.88 - 28.26 \times 2$
$\quad\quad\quad = 131.88 - 56.52$
$\quad\quad\quad = 75.36(\text{cm}^2)$
$3 \times 2 \times 3.14 \times (\text{높이}) = 18.84 \times (\text{높이})$
$\quad\quad = 75.36(\text{cm}^2)$이므로
$(\text{높이}) = 75.36 \div 18.84 = 4(\text{cm})$

5 136.2cm²

풀이 (한 밑면의 넓이)$= 3 \times 3 \times 3.14 \div 2$
$\quad\quad\quad\quad\quad\quad = 14.13(\text{cm}^2)$
(옆넓이)$= (6 \times 3.14 \div 2 + 6) \times 7$
$\quad\quad\quad = 107.94(\text{cm}^2)$
(겉넓이)$= 14.13 \times 2 + 107.94$
$\quad\quad\quad = 136.2(\text{cm}^2)$

247a~247b

1

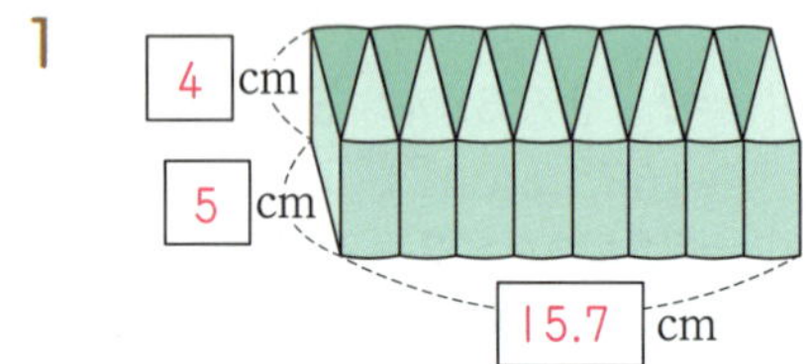

2 한 밑면의 넓이

3 314cm³

풀이 (직육면체의 부피)
$= (\text{밑면의 가로}) \times (\text{밑면의 세로}) \times (\text{높이})$
$= 15.7 \times 5 \times 4 = 314(\text{cm}^3)$

4 314cm³

풀이 원기둥의 부피는 직육면체의 부피와 같으므로 314cm³입니다.

5 ㉠ 14cm, ㉡ 8cm, ㉢ 25.12cm

풀이 ㉠은 원기둥의 높이, ㉡은 원기둥의 반지름, ㉢은 원주의 $\dfrac{1}{2}$과 같습니다.

6 2813.44cm³

풀이 (직육면체의 부피)
$= 25.12 \times 8 \times 14 = 2813.44(\text{cm}^3)$

7 2813.44cm³

풀이 원기둥의 부피는 직육면체의 부피와 같으므로 2813.44cm³입니다.

8 한 밑면의 넓이

풀이 원기둥의 부피도 직육면체와 마찬가지로 (한 밑면의 넓이)$\times$(높이)로 구합니다.

248a~248b

1 1695.6cm³

풀이 처음 원기둥의 부피는 직육면체의 부피와 같으므로
$18.84 \times 6 \times 15 = 1695.6(\text{cm}^3)$입니다.

2 8

풀이 (한 밑면의 넓이)
$=5 \times 5 \times 3.14 = 78.5(cm^2)$
(원기둥의 부피)
$=$(한 밑면의 넓이)$\times$(높이)
$=78.5 \times \square = 628(cm^3)$이므로
$\square = 628 \div 78.5 = 8(cm)$

3 50.24

풀이 (원기둥의 부피)
$=$(한 밑면의 넓이)$\times$(높이)
$=\square \times 12 = 602.88(cm^3)$이므로
$\square = 602.88 \div 12 = 50.24(cm^2)$

4 $1130.4cm^3$

풀이 (원기둥의 부피)
$=113.04 \times 10 = 1130.4(cm^3)$

5 $602.88cm^3$

풀이 (원기둥의 부피)
$=50.24 \times 12 = 602.88(cm^3)$

6 $2198cm^3$

풀이 (원기둥의 부피)
$=10 \times 10 \times 3.14 \times 7 = 2198(cm^3)$

7 $1177.5cm^3$

풀이 (원기둥의 부피)
$=5 \times 5 \times 3.14 \times 15 = 1177.5(cm^3)$

8 $282.6cm^3$

풀이 (원기둥의 부피)
$=28.26 \times 10 = 282.6(cm^3)$

9 $4578.12cm^3$

풀이 (원기둥의 부피)
$=9 \times 9 \times 3.14 \times 18 = 4578.12(cm^3)$

249a~249b

1 $254.34cm^2$

풀이 (한 밑면의 넓이)
$=9 \times 9 \times 3.14 = 254.34(cm^2)$

2 16cm

3 $4069.44cm^3$

풀이 (원기둥의 부피)
$=254.34 \times 16 = 4069.44(cm^3)$

4 $78.5cm^2$

풀이 (한 밑면의 넓이)
$=5 \times 5 \times 3.14 = 78.5(cm^2)$

5 $1020.5cm^3$

풀이 (원기둥의 부피)
$=78.5 \times 13 = 1020.5(cm^3)$

6 $530.66cm^2$, $6367.92cm^3$

풀이 (한 밑면의 넓이)
$=13 \times 13 \times 3.14 = 530.66(cm^2)$
(원기둥의 부피)
$=530.66 \times 12 = 6367.92(cm^3)$

250a~250b

1 $351.68cm^3$

풀이 (원기둥의 부피)
$=4 \times 4 \times 3.14 \times 7 = 351.68(cm^3)$

2 $2034.72cm^3$

풀이 (원기둥의 부피)
$=6 \times 6 \times 3.14 \times 18 = 2034.72(cm^3)$

3 $314cm^3$

풀이 (원기둥의 부피)
$=5 \times 5 \times 3.14 \times 4 = 314(cm^3)$

4 $401.92cm^3$

풀이 (원기둥의 부피)
$=4 \times 4 \times 3.14 \times 8 = 401.92(cm^3)$

5 $6330.24cm^3$

풀이 (원기둥의 부피)
$=12 \times 12 \times 3.14 \times 14 = 6330.24(cm^3)$

6 $5086.8cm^3$

풀이 (원기둥의 부피)
$=9 \times 9 \times 3.14 \times 20 = 5086.8(cm^3)$

7 8cm

풀이 밑면의 원주가 50.24cm이므로 밑면의 지름은 $50.24 \div 3.14 = 16(cm)$이고 밑면의 반지름은 $16 \div 2 = 8(cm)$입니다.

8 $200.96cm^2$

풀이 (한 밑면의 넓이)
$=8 \times 8 \times 3.14 = 200.96(cm^2)$

9 16cm

풀이 원기둥의 높이는 전개도에서 옆면인 직사각형의 세로의 길이와 같습니다.

10 $3215.36cm^3$

풀이 (원기둥의 부피)
= (한 밑면의 넓이) × (높이)
= $200.96 × 16 = 3215.36(cm^3)$

251a~251b

1 $401.92cm^3$

풀이 (처음 원기둥의 부피)
= $4 × 4 × 3.14 × 8 = 401.92(cm^3)$

2 8cm, 16cm

3 $3215.36cm^3$

풀이 (새로 만든 원기둥의 부피)
= $8 × 8 × 3.14 × 16 = 3215.36(cm^3)$

4 8배

풀이 $3215.36 ÷ 401.92 = 8(배)$

5 8배

풀이 (가 그릇의 들이)
= $3 × 3 × 3.14 × 5 = 141.3(cm^3)$
➡ 141.3mL
(나 그릇의 들이)
= $6 × 6 × 3.14 × 10 = 1130.4(cm^3)$
➡ 1130.4mL
➡ $1130.4 ÷ 141.3 = 8(배)$

6 $3768cm^3$, $471cm^3$, $\dfrac{1}{8}$ 배

풀이 (처음 원기둥의 부피)
= $10 × 10 × 3.14 × 12 = 3768(cm^3)$
(새로 만든 원기둥의 부피)
= $5 × 5 × 3.14 × 6 = 471(cm^3)$

➡ $471 ÷ 3768 = \dfrac{1}{8}(배)$

252a~252b

1 $197.82cm^3$

풀이 (㉠의 부피)
= $5 × 5 × 3.14 × 9 = 706.5(cm^3)$
(㉡의 부피)
= $6 × 6 × 3.14 × 8 = 904.32(cm^3)$

➡ $904.32 - 706.5 = 197.82(cm^3)$

2 5cm

풀이 (한 밑면의 넓이) = (부피) ÷ (높이)
= $942 ÷ 12 = 78.5(cm^2)$
밑면의 반지름을 □cm라 하면
□ × □ × 3.14 = 78.5, □ × □ = 25,
□ = 5입니다.

3 $602.88cm^3$

풀이 똑같은 입체도형 2개를 다음 그림과 같이 붙여서 원기둥의 부피를 구하고 2로 나누어 생각합니다.

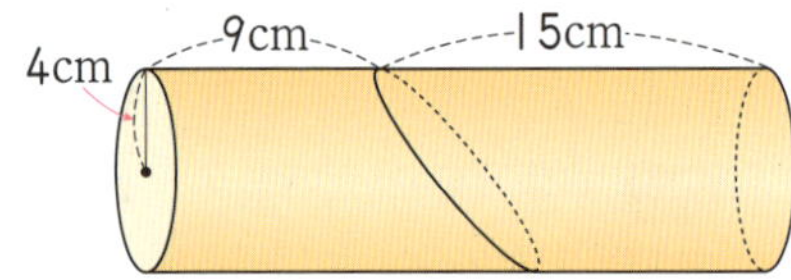

(입체도형의 부피)
= $4 × 4 × 3.14 × (9 + 15) ÷ 2$
= $602.88(cm^3)$

4 $1836.9cm^3$

풀이 큰 원기둥의 부피에서 비어 있는 원기둥의 부피를 빼어 구합니다.
(입체도형의 부피)
= $8 × 8 × 3.14 × 15 - 5 × 5 × 3.14 × 15$
= $3014.4 - 1177.5$
= $1836.9(cm^3)$

5 가로, $502.4cm^3$

풀이 〈가로를 회전축으로 하여 한 번 돌려 얻은 입체도형〉

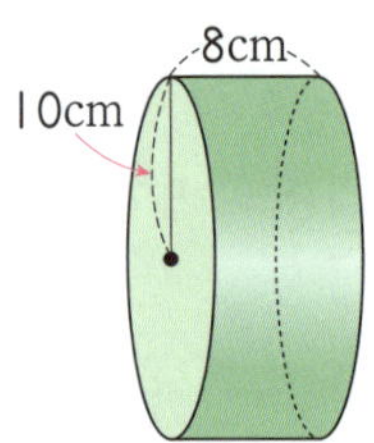

(부피) = $10 × 10 × 3.14 × 8 = 2512(cm^3)$
〈세로를 회전축으로 하여 한 번 돌려 얻은 입체도형〉

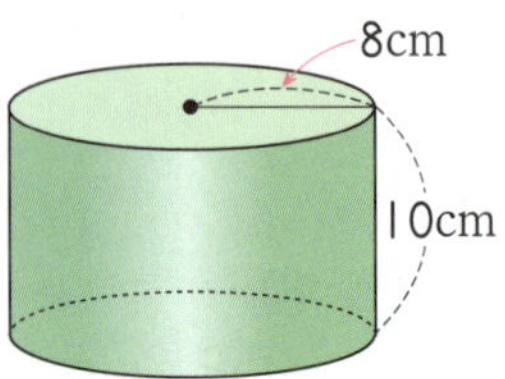

(부피)$=8\times8\times3.14\times10$
$\qquad=2009.6(\text{cm}^3)$
따라서 가로를 회전축으로 하여 한 번 돌린 회전체의 부피가
$2512-2009.6=502.4(\text{cm}^3)$ 더 큽니다.

253a~253b 창의력 학습

a 3868.48cm^2

[풀이] 옷감은 원기둥의 전개도 모양입니다.
(한 밑면의 넓이)$=14\times14\times3.14$
$\qquad=615.44(\text{cm}^2)$
(옆넓이)$=14\times2\times3.14\times30$
$\qquad=2637.6(\text{cm}^2)$
(전체 옷감의 넓이)
$=615.44\times2+2637.6=3868.48(\text{cm}^2)$

b 보라 낭자

[풀이] (가의 부피)
$=8\times8\times3.14\times20=4019.2(\text{cm}^3)$
(나의 부피)
$=10\times10\times3.14\times12=3768(\text{cm}^3)$
➡ $4019.2>3768$이므로 보라 낭자가 맞혔습니다.

254a~255b 경시대회 예상문제

1 1092.72cm^2

[풀이] 주어진 평면도형을 회전축을 중심으로 하여 한 번 돌렸을 때 만들어지는 입체도형은 다음과 같습니다.

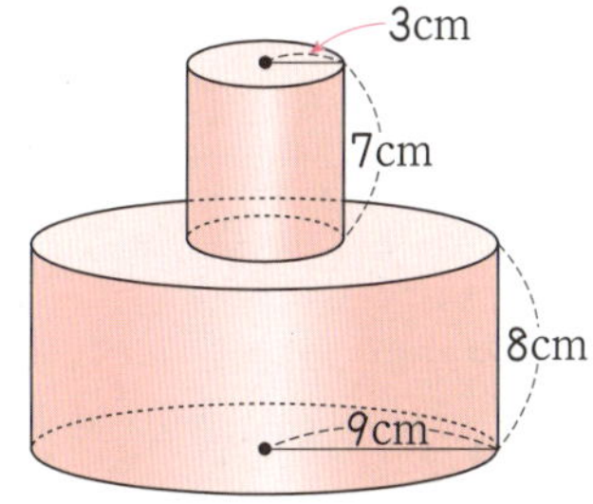

(겉넓이)
$=(9\times9\times3.14)\times2+\{(3\times2\times3.14\times7)$
$\quad+(9\times2\times3.14\times8)\}$
$=254.34\times2+131.88+452.16$
$=1092.72(\text{cm}^2)$

2 2232.54cm^3

[풀이] (부피)
$=3\times3\times3.14\times7+9\times9\times3.14\times8$
$=197.82+2034.72$
$=2232.54(\text{cm}^3)$

3 78.5cm^2

[풀이] 높이가 9cm이고 옆넓이가 282.6cm^2이므로 이 원기둥의 한 밑면의 둘레의 길이는 $282.6\div9=31.4(\text{cm})$입니다.
(밑면의 지름)$=31.4\div3.14=10(\text{cm})$
(밑면의 반지름)$=10\div2=5(\text{cm})$
(한 밑면의 넓이)
$=5\times5\times3.14=78.5(\text{cm}^2)$

4 (한 밑면의 넓이)
$=7\times7\times3.14=153.86(\text{cm}^2)$
$153.86\times2+(옆넓이)$
$=307.72+(옆넓이)=747.32(\text{cm}^2)$
(옆넓이)$=747.32-307.72$
$\qquad=439.6(\text{cm}^2)$
$7\times2\times3.14\times(높이)=43.96\times(높이)$
$\qquad\qquad=439.6(\text{cm}^2)$
(높이)$=439.6\div43.96=10(\text{cm})$
따라서
(부피)$=(한 밑면의 넓이)\times(높이)$
$\qquad=153.86\times10$
$\qquad=1538.6(\text{cm}^3)$
[답] 1538.6cm^3

평가 기준	
상	밑면의 반지름의 길이와 겉넓이를 이용하여 원기둥의 높이를 구하고 부피를 구한 경우
중	밑면의 반지름의 길이와 겉넓이를 이용하여 원기둥의 높이를 구했으나 부피를 구하지 못한 경우
하	풀이 과정과 답을 구하지 못한 경우

5 롤러를 한 바퀴 굴렸을 때 물감이 묻은 면의 넓이는 원기둥의 옆넓이와 같습니다.
(옆넓이)$=5\times2\times3.14\times15$
$\qquad=471(\text{cm}^2)$
(물감이 묻은 면의 넓이)
$=(옆넓이)\times2=471\times2=942(\text{cm}^2)$
[답] 942cm^2

<table>
<tr><td rowspan="2">평가 기준</td></tr>
<tr></tr>
<tr><td>상</td><td>롤러를 한 바퀴 굴렸을 때 물감이 묻은 면의 넓이가 원기둥의 옆넓이와 같음을 알고 답을 바르게 구한 경우</td></tr>
<tr><td>중</td><td>롤러를 한 바퀴 굴렸을 때 물감이 묻은 면의 넓이가 원기둥의 옆넓이와 같음은 알았으나 답을 구하지 못한 경우</td></tr>
<tr><td>하</td><td>풀이 과정과 답을 구하지 못한 경우</td></tr>
</table>

6 6462.12cm^3

풀이 입체도형은 반지름이 14cm이고 높이가 14cm인 원기둥의 부피의 $\frac{3}{4}$이므로

(입체도형의 부피)

$= (\text{원기둥의 부피}) \times \frac{3}{4}$

$= 14 \times 14 \times 3.14 \times 14 \times \frac{3}{4}$

$= 6462.12 (\text{cm}^3)$

7 9cm

풀이 물의 높이를 $\square$cm라 하면

$6 \times 6 \times 3.14 \times \square = 339.12$

$113.04 \times \square = 339.12, \square = 3$

따라서 (통의 높이) $= 3 \times 3 = 9(\text{cm})$입니다.

8 1808.64cm^3

풀이 (남은 물의 부피)

$= (\text{원기둥의 부피}) \div 2$

$= (8 \times 8 \times 3.14 \times 18) \div 2$

$= 3617.28 \div 2 = 1808.64 (\text{cm}^3)$

9 5번

풀이 (수조의 남은 부분의 들이)

$= 20 \times 20 \times 3.14 \times (30 - 18)$

$= 20 \times 20 \times 3.14 \times 12 = 15072 (\text{cm}^3)$

➡ 15072mL

(컵의 들이) $= 8 \times 8 \times 3.14 \times 15$

$= 3014.4 (\text{cm}^3)$

➡ 3014.4mL

➡ $15072 \div 3014.4 = 5(\text{번})$

<h2>256a~256b</h2>

1 (1) 1, 2, 3, 4, 5, 6, 6 (2) 6

2 그림면, 숫자면 / 2

3 가위, 바위, 보 / 3

4 5   **5** 10

<h2>257a~257b</h2>

1 (1) 8가지 (2) 4 (3) 3

풀이 (2) 홀수는 1, 3, 5, 7의 4가지입니다.

(3) 5보다 큰 수는 6, 7, 8의 3가지입니다.

2 1

3 3

풀이 주사위 한 개를 던졌을 때 나올 수 있는 2의 배수는 2, 4, 6의 3가지입니다.

4 (1) 10 (2) 4

풀이 (2) 1부터 10까지의 수 중에서 8의 약수는 1, 2, 4, 8의 4가지입니다.

5 3

풀이 여학생은 수정이를 포함하여 3명이므로 (수정, 여학생1, 여학생2), 남학생은 3명이므로 (남학생1, 남학생2, 남학생3)이라고 하면 수정이와 남학생이 짝을 이루는 경우는 (수정, 남학생1), (수정, 남학생2), (수정, 남학생3)의 3가지입니다.

<h2>258a~258b</h2>

1 (1) 1, 2, 3, 4, 5, 6 (2) 6 (3) 12

풀이 (2) (그림면, 1), (그림면, 2), (그림면, 3), (그림면, 4), (그림면, 5), (그림면, 6)의 6가지

(3) 동전이 숫자면일 때 6가지, 그림면일 때 6가지이므로 모두 12가지입니다.

2 그림면, 숫자면, 그림면 / 4

3 (위에서부터) 가위, 바위, 바위, 바위, 보, 보, 보, 보, 가위, 바위, 보, 가위, 바위, 보 / 9

4 (왼쪽부터) 보, 가위, 바위, 보, 보, 가위, 바위, 보 / 9

5 가위, 보, 가위, 바위, 바위, 바위, 보, 보, 가위, 보, 바위, 보, 보 / 9

259a~259b

1 (사과, 감), (사과, 귤), (배, 감), (배, 귤), (감, 귤) / 6

2 (1) 4, 8, 12　(2) 9

풀이 (2) 합이 4인 경우 : (1, 3), (2, 2), (3, 1)의 3가지
합이 8인 경우 : (2, 6), (3, 5), (4, 4), (5, 3), (6, 2)의 5가지
합이 12인 경우 : (6, 6)의 1가지
➡ 3+5+1=9

3 6

풀이

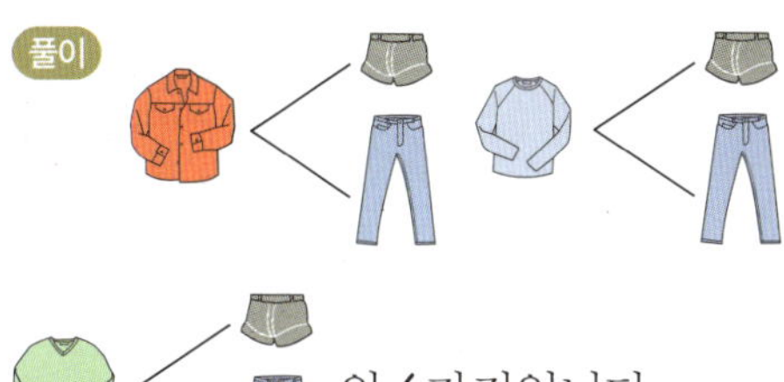

의 6가지입니다.

4 6

풀이

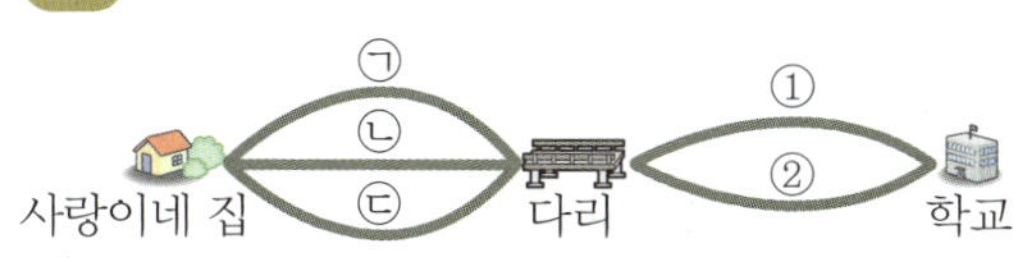

(㉠, ①), (㉠, ②), (㉡, ①), (㉡, ②), (㉢, ①), (㉢, ②)의 6가지입니다.

5 8

풀이

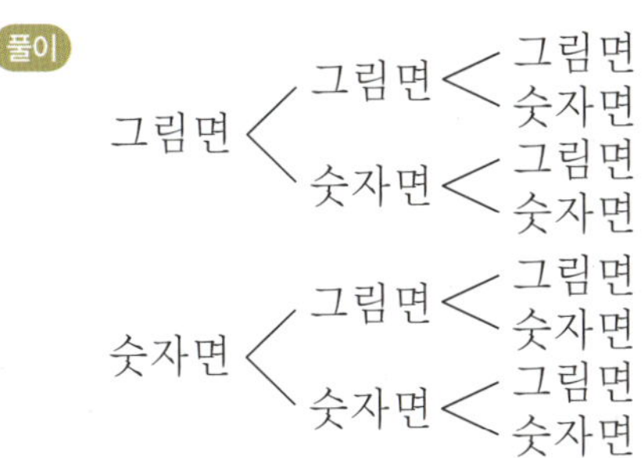

의 8가지입니다.

260a~260b

1 (위에서부터) 미송, 현상 / 2가지

2 (위에서부터) 서정, 미송, 미송, 서정 / 2가지

3 (왼쪽/위에서부터) 미송, 서정, 현상, 현상, 서정 / 2

4 6　　**5** 125, 152

6 215, 251　　**7** 512, 521

8 6

261a~261b

1 현진, 희원, 현진, 정웅, 미선, 현진, 현진, 정웅, 미선, 희원 / 12

2 6

풀이 첫 번째　두 번째　세 번째

성화 〈 수현 ― 은선
　　　　은선 ― 수현

수현 〈 성화 ― 은선
　　　　은선 ― 성화

은선 〈 성화 ― 수현
　　　　수현 ― 성화

의 6가지입니다.

3 (1) 34, 36, 37, 43, 46, 47, 63, 64, 67, 73, 74, 76
(2) 12

4 6

풀이 가　　　나　　다

빨강 〈 노랑 ― 초록
　　　　초록 ― 노랑

노랑 〈 빨강 ― 초록
　　　　초록 ― 빨강

초록 〈 빨강 ― 노랑
　　　　노랑 ― 빨강

의 6가지입니다.

262a~262b

1

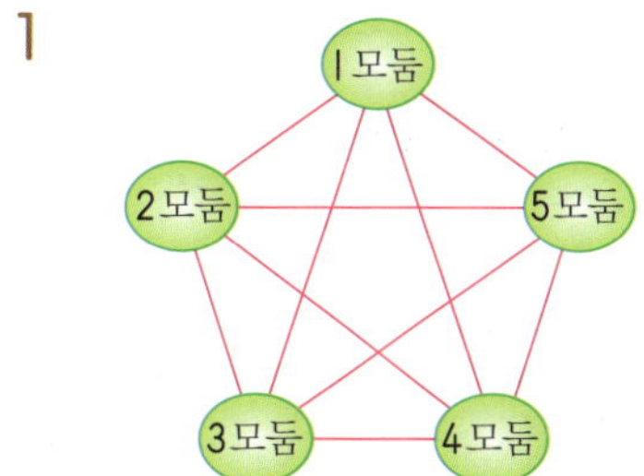

2 10번

3 6번

풀이

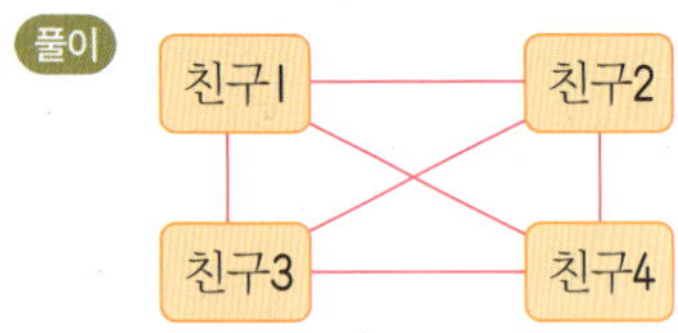

과 같이 6번 해야 합니다.

4 1가지

풀이 ㉮에서 ㉰를 지나 ㉯까지 가는 가장 가까운 길은 ㉮-㉯-㉰-㉯의 1가지입니다.

5 2가지

풀이 ㉮에서 ㉱를 지나 ㉯까지 가는 가장 가까운 길은 ㉮-㉯-㉱-㉯, ㉮-㉲-㉱-㉯의 2가지입니다.

6 3가지

풀이 ㉮에서 ㉰를 지나 ㉯까지 가는 길 1가지와 ㉮에서 ㉱를 지나 ㉯까지 가는 길 2가지를 합하여 3가지입니다.

263a~263b

1 15번

풀이 그림을 그려서 알아보면

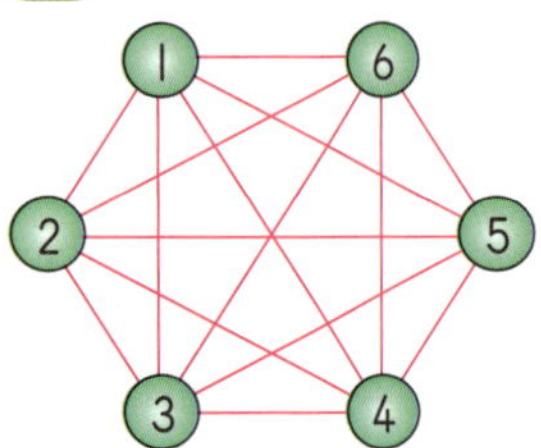

이므로 경기를 15번 해야 합니다.

2 8

풀이

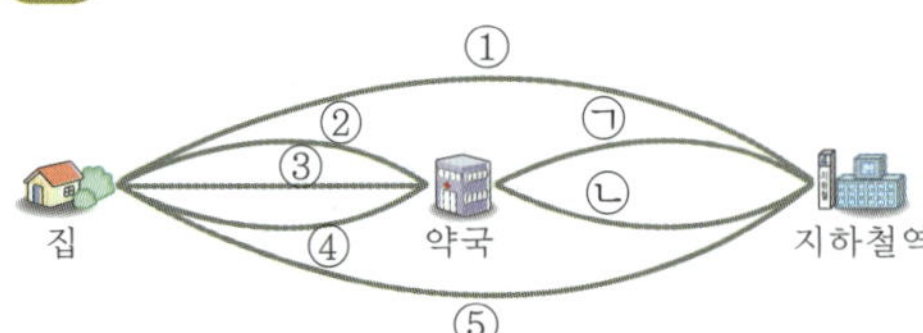

• 약국을 거쳐서 가는 방법
: (②, ㉠), (②, ㉡), (③, ㉠), (③, ㉡), (④, ㉠), (④, ㉡) ➡ 6가지

• 약국을 거치지 않고 가는 방법
: ①, ⑤ ➡ 2가지
따라서 집에서 지하철역까지 갈 수 있는 방법은 6＋2＝8(가지)입니다.

3 7번

풀이

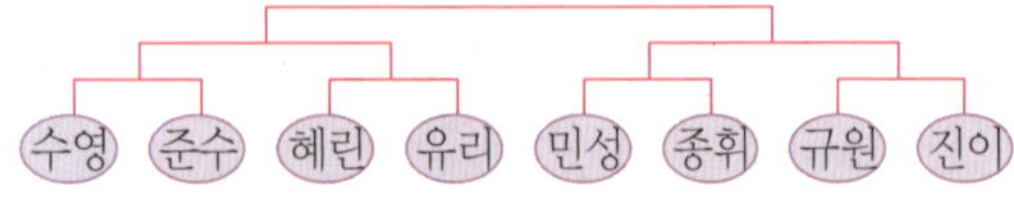

그림과 같이 우승자를 가리려면 게임을 7번 해야 합니다.

4 9가지

풀이

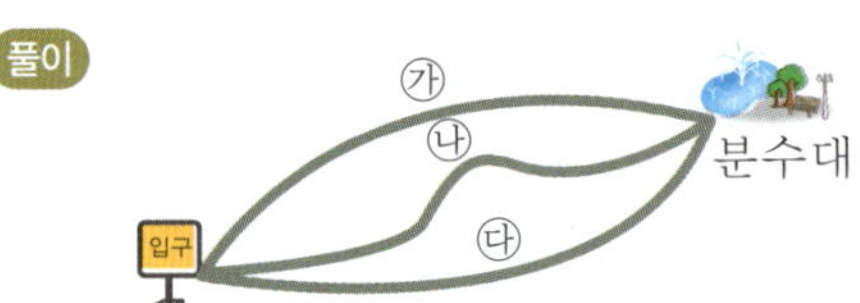

갔다가 오는 길을 (가는 길, 오는 길)로 나타내면
(㉮, ㉮), (㉮, ㉯), (㉮, ㉰), (㉯, ㉮), (㉯, ㉯), (㉯, ㉰), (㉰, ㉮), (㉰, ㉯), (㉰, ㉰)의 9가지입니다.

5 600원, 550원, 150원

264a~264b

1 2

풀이 동전 한 개를 던질 때 나올 수 있는 면은 그림면, 숫자면 2가지입니다.

2 1　　　　**3** $\dfrac{1}{2}$

4 6

풀이 주사위 한 개를 던질 때 나올 수 있는 눈은 1, 2, 3, 4, 5, 6의 6가지입니다.

5 3, 6　　　　**6** 2

7 $\dfrac{1}{3}$

풀이 (확률)

$$= \frac{(3의\ 배수의\ 눈이\ 나오는\ 경우의\ 수)}{(모든\ 경우의\ 수)}$$

$$= \frac{2}{6} = \frac{1}{3}$$

※해답은 따로 보관하고 있다가 채점할 때 사용해 주세요.

265a~265b

1 $\dfrac{7}{20}$

풀이 (확률)$=\dfrac{(당첨\ 제비의\ 수)}{(모든\ 제비의\ 수)}=\dfrac{7}{20}$

2 $\dfrac{2}{5}$

풀이 (확률)$=\dfrac{(파란색\ 구슬의\ 수)}{(모든\ 구슬의\ 수)}$

$=\dfrac{4}{10}=\dfrac{2}{5}$

3 $\dfrac{2}{15}$

풀이 (확률)$=\dfrac{(썩은\ 사과의\ 수)}{(모든\ 사과의\ 수)}$

$=\dfrac{4}{30}=\dfrac{2}{15}$

4 $\dfrac{2}{3}$

풀이 6의 약수의 눈은 1, 2, 3, 6의 4개
(확률)

$=\dfrac{(6의\ 약수의\ 눈이\ 나오는\ 경우의\ 수)}{(모든\ 경우의\ 수)}$

$=\dfrac{4}{6}=\dfrac{2}{3}$

5 $\dfrac{4}{9}$

풀이 2의 배수는 2, 4, 6, 8의 4개
(확률)$=\dfrac{(2의\ 배수의\ 수)}{(모든\ 경우의\ 수)}=\dfrac{4}{9}$

6 $\dfrac{1}{2}$

풀이 5 이상인 수는 5, 6, 7, 8의 4개
(확률)$=\dfrac{(5\ 이상인\ 경우의\ 수)}{(모든\ 경우의\ 수)}=\dfrac{4}{8}=\dfrac{1}{2}$

7 $\dfrac{91}{100}$

풀이 100개 중 9개의 비율로 불량품이 나오므로 합격품은 100개 중 91개의 비율로 나옵니다.

(확률)$=\dfrac{91}{100}$

266a~266b

1 (위에서부터) (2, 그림면), (2, 숫자면) / (3, 그림면), (3, 숫자면) / (4, 그림면), (4, 숫자면) / (5, 그림면), (5, 숫자면) / (6, 그림면), (6, 숫자면)

2 12

3 $\dfrac{1}{4}$

풀이 주사위는 홀수의 눈, 동전은 그림면인 경우는 (1, 그림면), (3, 그림면), (5, 그림면)의 3가지이므로

(확률)$=\dfrac{3}{12}=\dfrac{1}{4}$

4 (위에서부터) (1, 4), (1, 5), (1, 6) / (2, 2), (2, 3), (2, 4), (2, 5), (2, 6) / (3, 1), (3, 2), (3, 3), (3, 4), (3, 5), (3, 6) / (4, 1), (4, 2), (4, 3), (4, 4), (4, 5), (4, 6) / (5, 1), (5, 2), (5, 3), (5, 4), (5, 5), (5, 6) / (6, 1), (6, 2), (6, 3), (6, 4), (6, 5), (6, 6)

5 $\dfrac{1}{36}$

풀이 두 눈의 합이 2가 되는 경우는

(1, 1)의 1가지이므로 (확률)$=\dfrac{1}{36}$

6 $\dfrac{5}{36}$

풀이 두 눈의 합이 8이 되는 경우는
(2, 6), (3, 5), (4, 4), (5, 3), (6, 2)의

5가지이므로 (확률)$=\dfrac{5}{36}$

7 $\dfrac{1}{6}$

풀이 두 눈의 합이 2인 경우 : (1, 1)의 1가지

두 눈의 합이 3인 경우 : (1, 2), (2, 1)의 2가지

두 눈의 합이 4인 경우 : (1, 3), (2, 2), (3, 1)의 3가지

➡ (두 눈의 합이 2 이상 4 이하가 될 확률)$=\dfrac{1+2+3}{36}=\dfrac{6}{36}=\dfrac{1}{6}$

267a~267b

1 (1) (100원, 50원), (100원, 500원), (500원, 50원), (500원, 100원)

(2) $\dfrac{1}{3}$

풀이 (2) 500원짜리 동전이 먼저 나올 확률은 $\dfrac{2}{6}=\dfrac{1}{3}$ 입니다.

2 (1) 6 (2) $\dfrac{1}{6}$

풀이 (1) 2명씩 짝을 지을 수 있는 모든 경우의 수는 (은경, 민수), (은경, 원철), (은경, 태환), (민수, 원철), (민수, 태환), (원철, 태환)의 6가지입니다.

3 (1) 9 (2) 가위, 바위, 보, 보 / $\dfrac{1}{3}$

풀이 (1) 두 사람이 가위바위보를 할 때 나올 수 있는 모든 경우의 수는 (가위, 가위), (가위, 바위), (가위, 보), (바위, 가위), (바위, 바위), (바위, 보), (보, 가위), (보, 바위), (보, 보)의 9가지입니다.

(2) 두 사람이 가위바위보를 하여 비기는 경우는 (가위, 가위), (바위, 바위), (보, 보)의 3가지이므로

(확률)$=\dfrac{3}{9}=\dfrac{1}{3}$

4 $\dfrac{1}{12}$

풀이 주사위 2개를 던질 때 나오는 전체 경우의 수는 36이고, 두 눈의 합이 10이 될 경우는 (4, 6), (5, 5), (6, 4)의 3가지이므로 (확률)$=\dfrac{3}{36}=\dfrac{1}{12}$

5 $\dfrac{17}{25}$

풀이 전체 제비 50개 중 당첨 제비가 16개이므로 당첨 제비가 아닌 것은 50-16=34(개)입니다. 따라서 한 개의 제비를 뽑았을 때 당첨이 되지 않을 확률은 $\dfrac{34}{50}=\dfrac{17}{25}$ 입니다.

268a~268b 창의력 학습

a 8가지

풀이

빨간 고리	○	○	○	○	×	×	×	×
파란 고리	○	○	×	×	○	○	×	×
노란 고리	○	×	○	×	○	×	○	×
보너스(점)	10	5	5	0	5	0	0	0
점수(점)	85	75	60	50	30	20	5	0

b $\dfrac{1}{3}$, $\dfrac{4}{15}$, $\dfrac{2}{5}$

풀이 전체 제비의 수는 15장입니다.

(케이크를 먹을 확률)$=\dfrac{5}{15}=\dfrac{1}{3}$

(아이스크림을 먹을 확률)$=\dfrac{4}{15}$

(피망샐러드를 먹을 확률)$=\dfrac{6}{15}=\dfrac{2}{5}$

269a~270b 경시대회 예상문제

1 8가지

풀이

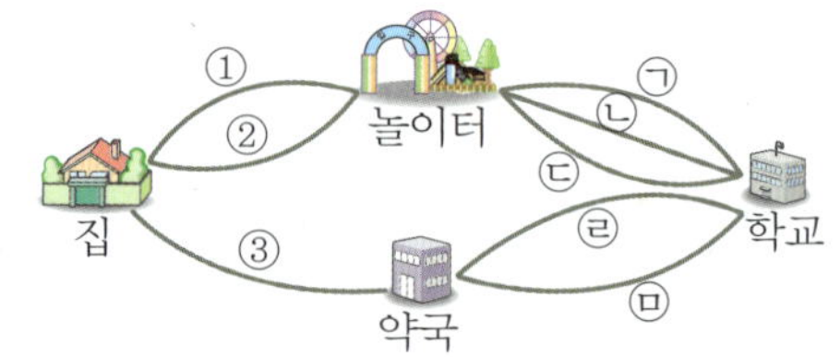

집에서 학교까지 가는 길은 놀이터를 거쳐 가는 (①, ㉠), (①, ㉡), (①, ㉢), (②, ㉠), (②, ㉡), (②, ㉢)의 6가지, 서점을 거쳐 가는 (③, ㉣), (③, ㉤)의 2가지를 합하여 모두 8가지입니다.

2 (1) 48 (2) 12

풀이 (1) 0은 백의 자리에 올 수 없으므로 백의 자리에 올 수 있는 숫자는 1, 3, 5, 7의 4가지이고, 그 각각에 대하여 십의 자리, 일의 자리에 올 수 있는 숫자는 백의 자리에 온 숫자를 제외하고 4가지, 3가지씩이므로 모든 경우의 수는 4×4×3=48입니다.

(2) 만든 세 자리 수가 500 이상 700 이하인 경우의 수는 501, 503, 507, 510, 513, 517, 530, 531, 537, 570, 571, 573의 12입니다.

3 주사위 한 개를 던질 때 나오는 눈이 2의 배수인 경우는 2, 4, 6의 3가지, 홀수인 경우는 1, 3, 5의 3가지입니다. 따라서 구하는 경우의 수는 $3+3=6$입니다.

[답] 6

평가 기준	
상	주사위 한 개를 던질 때 나오는 눈이 2의 배수인 경우, 홀수인 경우를 구하고 답을 바르게 구한 경우
중	주사위 한 개를 던질 때 나오는 눈이 2의 배수인 경우 또는 홀수인 경우는 구했으나 답을 구하지 못한 경우
하	풀이 과정과 답을 구하지 못한 경우

4 12

풀이 홀수는 1, 3, 5, 3 이상의 눈은 3, 4, 5, 6이므로 (1, 3), (1, 4), (1, 5), (1, 6), (3, 3), (3, 4), (3, 5), (3, 6), (5, 3), (5, 4), (5, 5), (5, 6)의 12가지입니다.

5 4

풀이 (50원, 100원, 500원) ➡ (그림면, 그림면, 그림면), (그림면, 그림면, 숫자면), (그림면, 숫자면, 그림면), (그림면, 숫자면, 숫자면), (숫자면, 그림면, 그림면), (숫자면, 그림면, 숫자면), (숫자면, 숫자면, 그림면), (숫자면, 숫자면, 숫자면)
이중 숫자면이 2개 이상인 경우는 4가지입니다.

6 6

풀이 ⬜ㅡ진희ㅡ⬜ㅡ⬜와 같이 진희의 순서를 정하고 나머지 3명이 순서를 정하는 것과 같으므로 $3\times2\times1=6$(가지)입니다.

7 6

풀이 3⬜⬜에서 십의 자리에 올 수 있는 숫자는 2, 4, 6의 3가지, 일의 자리에 올 수 있는 숫자는 각각의 경우에 대하여 2가지씩이므로 $3\times2=6$(가지)입니다.

8 6가지

풀이 아를 거쳐서 가는 방법 : 가ㅡ라ㅡ사ㅡ아ㅡ자, 가ㅡ라ㅡ마ㅡ아ㅡ자, 가ㅡ나ㅡ마ㅡ아ㅡ자의 3가지
바를 거쳐서 가는 방법 : 가ㅡ라ㅡ마ㅡ바ㅡ자, 가ㅡ나ㅡ마ㅡ바ㅡ자, 가ㅡ나ㅡ다ㅡ바ㅡ자의 3가지
➡ $3+3=6$(가지)

9 5명 중에 회장 1명, 부회장 1명을 뽑는 전체 경우의 수는 $5\times4=20$이고, 은규가 회장이나 부회장이 되는 경우는
(회장, 부회장) ➡ (은규, 주니), (은규, 케빈), (은규, 영서), (은규, 효린), (주니, 은규), (케빈, 은규), (영서, 은규), (효린, 은규)의 8가지입니다.

따라서 (확률)$=\dfrac{8}{20}=\dfrac{2}{5}$입니다.

[답] $\dfrac{2}{5}$

평가 기준	
상	전체 경우의 수와 은규가 회장, 부회장이 되는 경우의 수를 구하고 확률을 구한 경우
중	전체 경우의 수 또는 은규가 회장, 부회장이 되는 경우의 수는 구했으나 답을 구하지 못한 경우
하	풀이 과정과 답을 구하지 못한 경우

10 $\dfrac{1}{4}$

풀이 2개의 주사위를 던져서 나올 수 있는 모든 경우의 수는 36입니다.
나온 눈의 합이 4의 배수인 경우는 4, 8, 12이므로
눈의 합이 4인 경우 : (1, 3), (2, 2), (3, 1)의 3가지
눈의 합이 8인 경우 : (2, 6), (3, 5), (4, 4), (5, 3), (6, 2)의 5가지
눈의 합이 12인 경우 : (6, 6)의 1가지
➡ $3+5+1=9$
따라서 (확률)$=\dfrac{9}{36}=\dfrac{1}{4}$입니다.

11 $\dfrac{5}{9}$

풀이 만들 수 있는 두 자리 수는 모두

$3 \times 3 = 9$(가지)입니다. 그중 십의 자리 숫자가 일의 자리 숫자보다 큰 경우는
십의 자리 숫자가 2일 때 : 21의 1가지
십의 자리 숫자가 3일 때 : 31의 1가지
십의 자리 숫자가 5일 때 : 51, 53, 54의 3가지이므로 $1+1+3=5$(가지)입니다.
따라서 (확률)$=\dfrac{5}{9}$입니다.

271a~271b

1 $2 \times 2,\ 3 \times 2,\ \square \times 2,\ \triangle \times 2$

2 $\square \times 2$ 3 $x \times 2$

4 $80 \times 2,\ 80 \times 3,\ 80 \times x$

5 $80 \times x$ 6 $8 + x = 12$

272a~272b

1 $24 + x = 45$ 2 $x - 25 = 17$

3 $24 - x = 12$ 4 $x - 3 = 5$

5 $12 + x = 18$ 6 $20 \div x = 4$

7 $9 \times x = 108$

273a~273b

1 진희가 산 지우개의 개수

2 $500 \times x$

3 $500 \times x + 2500 = 4000$

4 (예)

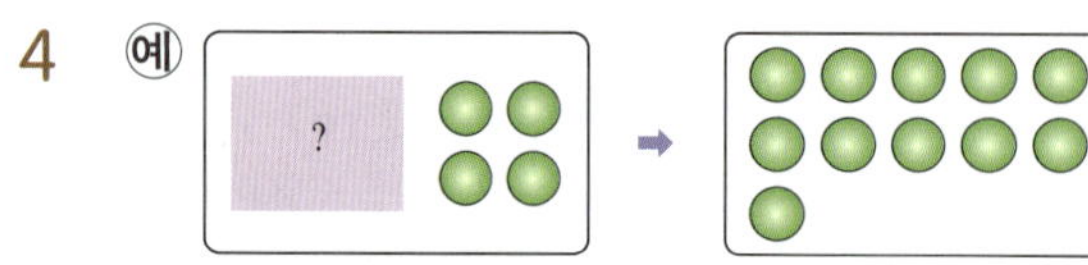

5 (예)

6 (예) 성진이는 구슬을 몇 개 가지고 있었는데 형한테 4개를 더 받아서 11개가 되었습니다.

274a~274b

1 ㉠, ㉣

(풀이) ㉡, ㉢은 등호($=$)가 사용된 식이 아니므로 등식이 아닙니다.

2 $x + 120 = 180$ 3 $410 - x = 290$

4 $x \times 5 - 35 = 55$ 5 $x + 9 \times 4 = 64$

6 $x - 4 = 3 \times 8$ 7 $x \div 7 = 5 \times 2 + 2$

275a~275b

1 1, 거짓에 ○표   2 2, 참에 ○표

3 3, 거짓에 ○표   4 2

5 1, 거짓에 ○표, 2, 거짓에 ○표, 3, 참에 ○표, 4, 거짓에 ○표 / 3

6 1, 거짓에 ○표, 2, 거짓에 ○표, 3, 거짓에 ○표, 4, 참에 ○표, 6, 거짓에 ○표 / 4

276a~276b

1 ③, ④

(풀이) ①, ②는 등식이 아니므로 방정식이 아닙니다.

2 ㉢

(풀이) ㉠ $5 - x = 7$ ➡ $5 - 2 = 3$이므로 거짓

㉡ $x \times 4 = 12$ ➡ $2 \times 4 = 8$이므로 거짓

㉢ $x \times 3 + 2 = 8$ ➡ $2 \times 3 + 2 = 8$이므로 참

㉣ $x \div 2 - 1 = 1$
➡ $2 \div 2 - 1 = 0$이므로 거짓

3 ⑤

(풀이) ① $2 \times 4 = 8$이므로 거짓
② $3 \times 4 = 12$이므로 거짓
③ $4 \times 4 = 16$이므로 거짓
④ $5 \times 4 = 20$이므로 거짓
⑤ $6 \times 4 = 24$이므로 참

4 $x = 1$

(풀이) $3 \times 1 + 6 = 9$이므로 $x = 1$

5 $x = 4$

(풀이) $4 \times 4 - 4 = 12$이므로 $x = 4$

6 $x=2$

풀이 $\frac{1}{2}\times 2+6=1+6=7$이므로 $x=2$

7 $x=3$

풀이 $5-3\times\frac{2}{3}=5-2=3$이므로 $x=3$

8 $x\times\frac{1}{2}+7=9,\ x=4$

풀이 x 대신에 1, 2, 3, 4, ……를 넣어서 식이 참이 되게 하는 x의 값을 구하면 $x=4$일 때 $4\times\frac{1}{2}+7=9$이므로 $x=4$입니다.

9 $x\times\frac{2}{3}+\frac{1}{3}=1,\ x=1$

풀이 x 대신에 1, 2, 3, 4, ……를 넣어서 식이 참이 되게 하는 x의 값을 구하면 $x=1$일 때 $1\times\frac{2}{3}+\frac{1}{3}=1$이므로 $x=1$입니다.

277a~277b

1 / $x-15=120$

2 15, 15, 15, 135

3 135cm

4 / $x+20=45$

5 20, 20, 20, 25

6 25kg

278a~278b

1 5, 13, 더해도　　**2** 5, 3, 빼도

3 8, 8, 8, 20　　**4** 4, 4, 4, 5

5 ②, ④

6 $x=30$

풀이 $x-6=24,$
$x-6+6=24+6,\ x=30$

7 $x=26$

풀이 $x-17=9,$
$x-17+17=9+17,\ x=26$

8 $x=2\frac{1}{2}$

풀이 $x-\frac{1}{2}=2,$
$x-\frac{1}{2}+\frac{1}{2}=2+\frac{1}{2},\ x=2\frac{1}{2}$

9 $x=2.1$

풀이 $x-0.3=1.8,$
$x-0.3+0.3=1.8+0.3,\ x=2.1$

10 $x=19$

풀이 $x+8=27,$
$x+8-8=27-8,\ x=19$

11 $x=8$

풀이 $x+44=52,$
$x+44-44=52-44,\ x=8$

12 $x=\frac{2}{3}$

풀이 $x+\frac{2}{3}=1\frac{1}{3},$
$x+\frac{2}{3}-\frac{2}{3}=1\frac{1}{3}-\frac{2}{3},\ x=\frac{2}{3}$

13 $x=1.87$

풀이 $x+0.17=2.04,$
$x+0.17-0.17=2.04-0.17,$
$x=1.87$

279a~279b

1 / $x\div 4=250$

2 4, 4, 1000

3 1000mL

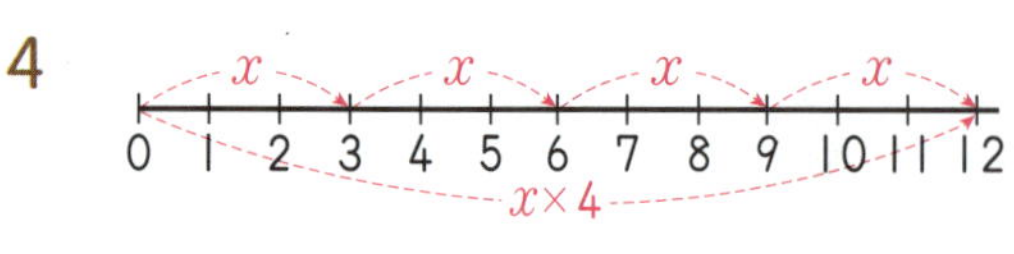

4 $/\ x \times 4 = 12$

5 4, 4, 3

6 3개

280a~280b

1 7, 28, 곱해도

2 9, 5, 나누어도

3 12, 12, 12, 60

4 8, 8, 8, 6

5 ②, ④

6 $x = 27$

풀이 $x \div 3 = 9$,
$x \div 3 \times 3 = 9 \times 3$, $x = 27$

7 $x = 22$

풀이 $x \div 11 = 2$,
$x \div 11 \times 11 = 2 \times 11$, $x = 22$

8 $x = 48$

풀이 $12 = x \div 4$,
$12 \times 4 = x \div 4 \times 4$, $x = 48$

9 $x = 100$

풀이 $20 = x \div 5$,
$20 \times 5 = x \div 5 \times 5$, $x = 100$

10 $x = 9$

풀이 $x \times 6 = 54$,
$x \times 6 \div 6 = 54 \div 6$, $x = 9$

11 $x = 8$

풀이 $x \times 9 = 72$,
$x \times 9 \div 9 = 72 \div 9$, $x = 8$

12 $x = 9$

풀이 $36 = x \times 4$,
$36 \div 4 = x \times 4 \div 4$, $x = 9$

13 $x = 12$

풀이 $60 = x \times 5$,
$60 \div 5 = x \times 5 \div 5$, $x = 12$

281a~281b

1 예 등식이 아니므로 방정식이 아닙니다.

---

2 $\square = 4, \triangle = 12$

풀이 $4 \times x + 2 = 14$, $4 \times x = 12$
$\square = 4, \triangle = 12$

3 6, 6, 10, 3, 10, 3, 30

4 $x = 9$

풀이 $x \times 3 - 6 = 21$, $x \times 3 = 27$, $x = 9$

5 $x = 5$

풀이 $x \times 5 + 12 = 37$, $x \times 5 = 25$, $x = 5$

6 $x = 3$

풀이 $6 \times x - 15 = 3$, $6 \times x = 18$, $x = 3$

7 $x = 4$

풀이 $9 \times x + 4 = 40$, $9 \times x = 36$, $x = 4$

8 $x = \dfrac{1}{3}$

풀이 $x \times 4 + \dfrac{2}{3} = 2$, $x \times 4 = \dfrac{4}{3}$, $x = \dfrac{1}{3}$

9 $x = 2\dfrac{1}{4}$

풀이 $2 \times x - \dfrac{1}{2} = 4$, $2 \times x = \dfrac{9}{2}$,
$x = \dfrac{9}{4} = 2\dfrac{1}{4}$

10 $x = 6$

풀이 $x \div 2 + 8 = 11$, $x \div 2 = 3$, $x = 6$

11 $x = 44$

풀이 $x \div 4 - 3 = 8$, $x \div 4 = 11$, $x = 44$

12 $x = 7$

풀이 $x \div 4 + \dfrac{1}{4} = 2$, $x \div 4 = \dfrac{7}{4}$, $x = 7$

13 $x = 9\dfrac{4}{5}$

풀이 $x \div 7 - \dfrac{2}{5} = 1$, $x \div 7 = \dfrac{7}{5}$,
$x = \dfrac{49}{5} = 9\dfrac{4}{5}$

14 $x = 2$

풀이 $x \div 5 + 1\dfrac{3}{5} = 2$, $x \div 5 = \dfrac{2}{5}$, $x = 2$

15 $x=32$

풀이 $x \div 6 - 2\frac{1}{3} = 3$, $x \div 6 = \frac{16}{3}$,
$x=32$

282a~282b

1

18000 멜론 멜론

0 10000 20000 30000 40000

34000

2 $18000 + x \times 2 = 34000$

3 $x=8000$

풀이 $18000 + x \times 2 = 34000$,
$x \times 2 = 16000$, $x=8000$

4 8000원

5 4

풀이 어떤 수를 x라 하면
$x \times 8 + 2 = 34$, $x \times 8 = 32$, $x=4$

6 8cm

풀이 삼각형의 높이를 $x$cm라 하면
$8 \times x \div 2 = 32$, $8 \times x = 64$, $x=8$(cm)

7 3장

풀이 연수네 가족이 산 입장권의 수를 x장이라 하면
$25000 + 8000 \times x = 49000$,
$8000 \times x = 24000$, $x=3$(장)

8 3시간

풀이 지금까지 자동차로 달린 시간을 x시간이라 하면
$380 - 90 \times x = 110$,
$90 \times x = 270$, $x=3$(시간)

283a~283b 창의력 학습

a 4개

풀이 어머니께서 사오신 석류의 개수를 x개라고 하면
$15000 + 800 \times x = 18200$,
$800 \times x = 3200$, $x=4$(개)

---

b 12일

풀이 스피드경이 하루에 하는 일의 양은 전체의 $\frac{1}{15}$이고, 꼼꼼해경이 하루에 하는 일의 양은 전체의 $\frac{1}{20}$입니다. 꼼꼼해경이 일을 마치는 데 걸리는 날 수를 x일이라 하면 $\frac{6}{15} + \frac{x}{20} = 1$, $\frac{2}{5} + \frac{x}{20} = 1$, $\frac{x}{20} = \frac{3}{5}$, $x=12$
따라서 꼼꼼해경이 일을 마치는 데 12일 걸립니다.

284a~285b 경시대회 예상문제

1 $7\frac{1}{3}$

풀이 ㉠ $x \times \frac{1}{2} = \frac{1}{3}$, $x=\frac{2}{3}$
㉡ $0.4 \times x - 3 = 0.2$,
$0.4 \times x = 3.2$, $x=8$
➡ $8 - \frac{2}{3} = 7\frac{1}{3}$

2 28

풀이 어떤 수를 x라 하면
$x \times 4 + 3 = 35$, $x \times 4 = 32$, $x=8$
바르게 계산하면 $8 \times 3 + 4 = 28$

3 13, 14, 15

풀이 가장 작은 자연수를 x라 하면
세 자연수는 x, $x+1$, $x+2$입니다.
$x + x + 1 + x + 2 = 42$, $3 \times x + 3 = 42$,
$3 \times x = 39$, $x=13$
가장 작은 자연수가 13이므로 연속하는 세 자연수는 13, 14, 15입니다.

4 양의 수를 x마리, 오리의 수를 $35-x$(마리)라고 하면
$4 \times x + 2 \times (35 - x) = 110$,
$4 \times x + 70 - 2 \times x = 110$, $2 \times x = 40$,
$x=20$
따라서 양의 수는 20마리이고 오리의 수는 $35 - 20 = 15$(마리)입니다.
[답] 20마리

평가 기준

상	양의 수를 x로 하는 방정식을 세우고 답을 구한 경우
중	양의 수를 x로 하는 방정식을 세웠으나 답을 구하지 못한 경우
하	풀이 과정과 답을 구하지 못한 경우

5 5점짜리 2번, 3점짜리 8번

풀이 5점짜리 x번, 3점짜리 $10-x$(번)이라고 하면
$5 \times x + 3 \times (10-x) = 34$,
$5 \times x + 30 - 3 \times x = 34$, $2 \times x = 4$,
$x = 2$
따라서 5점짜리는 2번, 3점짜리는
$10 - 2 = 8$(번) 맞혔습니다.

6 42

풀이 일의 자리 숫자를 x라고 하면
$(4+x) \times 7 = 40+x$,
$28 + x \times 7 = 40 + x$,
$x \times 6 = 12$, $x = 2$
따라서 구하는 자연수는 42입니다.

7 8cm

풀이 사다리꼴의 아랫변을 $x$cm라고 하면
$(4+x) \times 5 \div 2 = 30$, $(4+x) \times 5 = 60$,
$4 + x = 12$, $x = 8$(cm)

8 몇 년 후를 x년이라 하면
$(13+x) \times 3 = 45+x$,
$39 + x \times 3 = 45 + x$,
$x \times 2 = 6$, $x = 3$
따라서 아버지의 나이가 미송이의 나이의
3배가 되는 것은 3년 후입니다.
[답] 3년 후

평가 기준

상	조건에 맞게 몇 년 후를 x로 하는 방정식을 세우고 답을 구한 경우
중	조건에 맞게 몇 년 후를 x로 하는 방정식을 세웠으나 답을 구하지 못한 경우
하	풀이 과정과 답을 구하지 못한 경우

9 17cm

풀이 직사각형의 가로를 $x$cm, 세로를 $x-4$(cm)라고 하면
$x + x - 4 = 30$, $2 \times x = 34$, $x = 17$(cm)

10 4일

풀이 아들이 하루에 하는 일의 양은 전체의 $\dfrac{1}{12}$, 아버지가 하루에 하는 일의 양은 전체의 $\dfrac{1}{8}$입니다.
아버지가 일을 모두 마치는 데 걸리는 시간을 x일이라 하면
$\dfrac{6}{12} + \dfrac{x}{8} = 1$, $\dfrac{x}{8} = \dfrac{1}{2}$, $x = 4$(일)

11 8명

풀이 학생 수를 x명이라 하면
$5 \times x + 3 = 6 \times x - 5$, $x = 8$(명)

12 200g

풀이 바구니만의 무게를 xg이라고 합니다.
공 1개의 무게는 $195 \div 3 = 65$(g)이므로
$x + 65 \times 8 = 720$, $x = 200$(g)

286a~289b

1 4cm

풀이 $25.12 \div 3.14 = 8$이므로 밑면인 원의 반지름은 $8 \div 2 = 4$(cm)입니다.

2 50.24cm^2, 150.72cm^2

풀이 (한 밑면의 넓이)$= 4 \times 4 \times 3.14$
$= 50.24$(cm^2)
(옆넓이)$= 25.12 \times 6 = 150.72$(cm^2)

3 251.2cm^2

풀이 (겉넓이)$= 50.24 \times 2 + 150.72$
$= 251.2$(cm^2)

4 1299.96cm^2

풀이 밑면의 반지름이 $18 \div 2 = 9$(cm)이고 높이가 14cm인 원기둥이므로
(겉넓이)
$= (9 \times 9 \times 3.14) \times 2 + 18 \times 3.14 \times 14$
$= 254.34 \times 2 + 791.28$
$= 1299.96$(cm^2)

5 12cm

[풀이] 포장지의 넓이는 원기둥의 옆넓이와 같습니다.
$452.16 =$ (밑면의 지름) $\times 3.14 \times 6$ 이므로
(밑면의 지름) $= 452.16 \div 6 \div 3.14$
$= 24$(cm)
따라서 밑면의 반지름은 $24 \div 2 = 12$(cm)입니다.

6 125.6cm^2

[풀이] 가로를 회전축으로 하여 한 번 돌려 얻은 입체도형은 다음과 같습니다.

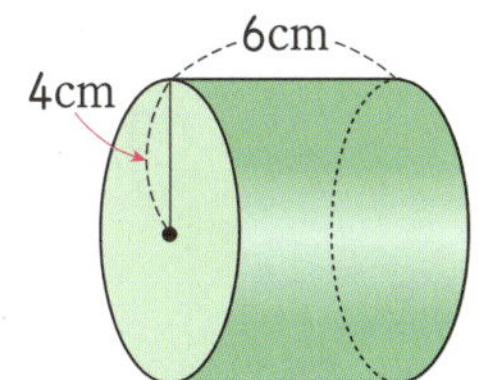

(겉넓이)
$= (4 \times 4 \times 3.14) \times 2 + 4 \times 2 \times 3.14 \times 6$
$= 50.24 \times 2 + 150.72$
$= 251.2(\text{cm}^2)$
세로를 회전축으로 하여 한 번 돌려 얻은 입체도형은 다음과 같습니다.

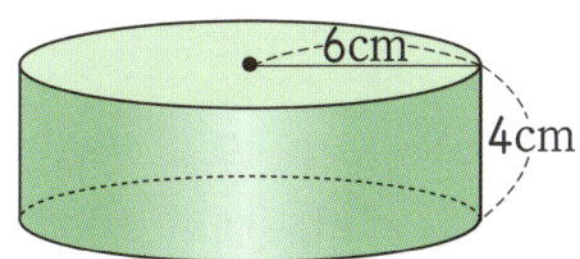

(겉넓이)
$= (6 \times 6 \times 3.14) \times 2 + 6 \times 2 \times 3.14 \times 4$
$= 113.04 \times 2 + 150.72$
$= 376.8(\text{cm}^2)$
따라서 세로를 회전축으로 하여 한 번 돌린 입체도형의 겉넓이가 가로를 회전축으로 하여 한 번 돌린 입체도형보다
$376.8 - 251.2 = 125.6(\text{cm}^2)$ 더 큽니다.

7 9cm

[풀이] $12 \times 3.14 \times$ (높이) $= 339.12$
(높이) $= 339.12 \div 3.14 \div 12 = 9$(cm)

8 797.56cm^2

[풀이] (겉넓이)
$= (8 \times 8 \times 3.14) \times 2 + \{(3 \times 2 \times 3.14 \times 5)$
$+ (8 \times 2 \times 3.14 \times 6)\}$
$= 200.96 \times 2 + 94.2 + 301.44$
$= 797.56(\text{cm}^2)$

9 401.92cm^3

[풀이] (원기둥의 부피)
$= 4 \times 4 \times 3.14 \times 8 = 401.92(\text{cm}^3)$

10 392.5cm^3

[풀이] (가의 부피) $= 78.5 \times 8 = 628(\text{cm}^3)$
(나의 부피) $= 78.5 \times 13 = 1020.5(\text{cm}^3)$
➡ $1020.5 - 628 = 392.5(\text{cm}^3)$

11 1570cm^3

[풀이] (롤케이크의 부피)
$= 5 \times 5 \times 3.14 \times 20 = 1570(\text{cm}^3)$

12 8cm

[풀이] $10 \times 10 \times 3.14 \times$ (높이) $= 2512$
(높이) $= 2512 \div 3.14 \div 10 \div 10 = 8$(cm)

13 226.08cm^3

[풀이] 회전축을 중심으로 한 번 돌려 얻은 입체도형은 다음과 같습니다.

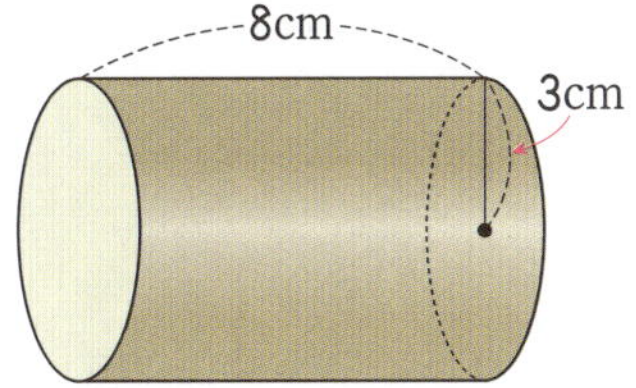

(원기둥의 부피)
$= 3 \times 3 \times 3.14 \times 8 = 226.08(\text{cm}^3)$

14 351.68cm^3

[풀이] $(4 \times 4 \times 3.14) \times 2 + 4 \times 2 \times 3.14$
$\times$ (높이) $= 276.32$
$100.48 + 25.12 \times$ (높이) $= 276.32$
(높이) $= (276.32 - 100.48) \div 25.12$
$= 7$(cm)
(원기둥의 부피)
$= 4 \times 4 \times 3.14 \times 7 = 351.68(\text{cm}^3)$

15 835.24cm^2

[풀이] 원기둥의 밑면의 반지름을 $\square$cm라 하면
$\square \times 2 \times 3.14 = 43.96$, $\square = 7$(cm)
원기둥의 높이를 $\triangle$cm라 하면
$7 \times 7 \times 3.14 \times \triangle = 1846.32$,
$\triangle = 12$(cm)
(원기둥의 겉넓이)
$= (7 \times 7 \times 3.14) \times 2 + 43.96 \times 12$

$$=153.86 \times 2 + 527.52$$
$$=835.24(\text{cm}^2)$$

16 27배

풀이 (처음 원기둥의 부피)
$$=3 \times 3 \times 3.14 \times 5 = 141.3(\text{cm}^3)$$
(새로 만든 원기둥의 부피)
$$=9 \times 9 \times 3.14 \times 15 = 3815.1(\text{cm}^3)$$
➡ $3815.1 \div 141.3 = 27$(배)

17 471cm³

풀이 (물의 부피)
$$=5 \times 5 \times 3.14 \times 6 = 471(\text{cm}^3)$$

18 1004.8cm³

풀이 물의 부피는 원기둥의 부피의 반이므로
$$(\text{물의 부피}) = (8 \times 8 \times 3.14 \times 10) \div 2$$
$$=1004.8(\text{cm}^3)$$

19 251.2cm³

풀이 남은 케이크의 부피는 전체 원기둥 모양의 케이크의 $\dfrac{1}{4}$이므로
$$(\text{남은 케이크의 부피})$$
$$=(8 \times 8 \times 3.14 \times 5) \times \dfrac{1}{4} = 251.2(\text{cm}^3)$$

20 8번

풀이 (가 그릇에 가득 채운 물의 부피)
$$=4 \times 4 \times 3.14 \times 6 = 301.44(\text{cm}^3)$$
(나 그릇에 가득 채운 물의 부피)
$$=8 \times 8 \times 3.14 \times 12 = 2411.52(\text{cm}^3)$$
➡ $2411.52 \div 301.44 = 8$(번)

21 100.48cm³

풀이 돌의 부피는 늘어난 물의 부피와 같으므로
$$(\text{돌의 부피}) = 4 \times 4 \times 3.14 \times 2$$
$$=100.48(\text{cm}^3)$$

290a~293b

1 5

풀이 도, 개, 걸, 윷, 모의 5가지입니다.

2 4

풀이 8의 약수가 나오는 경우는 1, 2, 4, 8의 4가지입니다.

3 12

풀이 나올 수 있는 모든 경우는
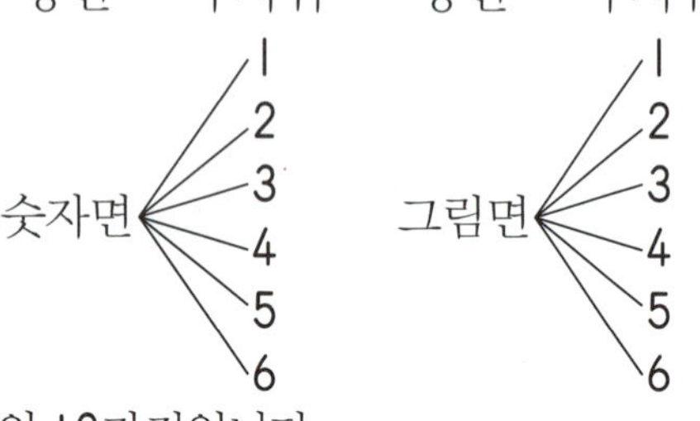

의 12가지입니다.

4 12

풀이 (윗옷, 아래옷)
➡ (빨간색, 파란색), (빨간색, 검은색),
(빨간색, 흰색), (노란색, 파란색),
(노란색, 검은색), (노란색, 흰색),
(초록색, 파란색), (초록색, 검은색),
(초록색, 흰색), (보라색, 파란색),
(보라색, 검은색), (보라색, 흰색)의 12가지입니다.

5 3

풀이 주희가 이기는 경우를 (주희, 성현)으로 나타내면 (가위, 보), (바위, 가위), (보, 바위)의 3가지입니다.

6 4

풀이 두 눈의 수의 합이 5인 경우는
(1, 4), (2, 3), (3, 2), (4, 1)의 4가지입니다.

7 6

풀이 나올 수 있는 모든 경우는

소영 — 유진—선희 / 선희—유진
유진 — 소영—선희 / 선희—소영
선희 — 소영—유진 / 유진—소영

의 6가지입니다.

8 48

풀이 백의 자리에 올 수 있는 숫자는 1, 3, 6, 8의 4가지입니다.

※해답은 따로 보관하고 있다가 채점할 때 사용해 주세요.

백의 자리에 1이 올 때 십의 자리에 올 수 있는 숫자는 0, 3, 6, 8의 4가지, 일의 자리에 올 수 있는 숫자는 십의 자리에 온 숫자를 제외한 3가지이므로 백의 자리에 1이 올 때 만들 수 있는 세 자리 수는 $4 \times 3 = 12$(개)이고, 3, 6, 8이 백의 자리에 올 때도 마찬가지이므로 세 자리 수를 만드는 경우의 수는 모두 $12 \times 4 = 48$입니다.

9 12

풀이 만든 세 자리 수가 600 이상 800 이하인 경우는 601, 603, 608, 610, 613, 618, 630, 631, 638, 680, 681, 683의 12가지입니다.

10 20

풀이 모둠장 1명을 뽑을 수 있는 경우 5가지에 대하여 도우미 1명을 뽑을 수 있는 경우가 각각 4가지씩이므로 경우의 수는 $5 \times 4 = 20$입니다.

11 15번

풀이 그림을 그려서 알아보면

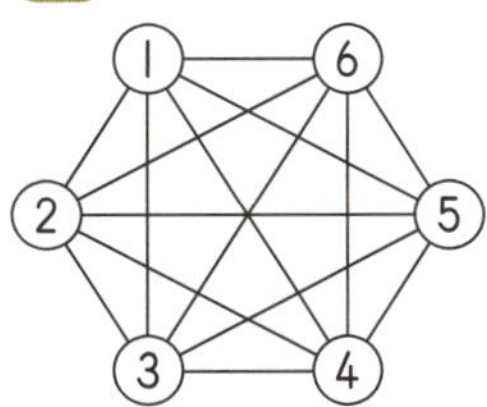

이므로 경기를 15번 해야 합니다.

12 6가지

풀이

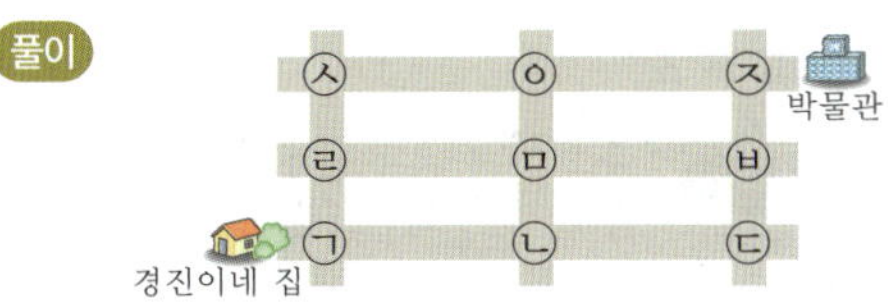

ㅂ을 거쳐서 가는 방법 :
ㄱ－ㄴ－ㄷ－ㅂ－ㅈ, ㄱ－ㄴ－ㅁ－ㅂ－ㅈ,
ㄱ－ㄹ－ㅁ－ㅂ－ㅈ의 3가지
ㅇ을 거쳐서 가는 방법 :
ㄱ－ㄹ－ㅅ－ㅇ－ㅈ, ㄱ－ㄹ－ㅁ－ㅇ－ㅈ,
ㄱ－ㄴ－ㅁ－ㅇ－ㅈ의 3가지
➡ $3 + 3 = 6$(가지)

13 600원, 550원, 510원, 150원, 110원, 60원

풀이 표를 만들어 알아보면

500	1	1	1	0	0	0
100	1	0	0	1	1	0
50	0	1	0	1	0	1
10	0	0	1	0	1	1
합	600	550	510	150	110	60

14 $\dfrac{1}{2}$

풀이 홀수는 1, 3, 5의 3개이므로
$(확률) = \dfrac{3}{6} = \dfrac{1}{2}$

15 $\dfrac{4}{9}$

16 24%

풀이 당첨될 확률은 $\dfrac{12}{50} = \dfrac{6}{25}$이고 백분율로 나타내면 $\dfrac{6}{25} \times 100 = 24$(%)입니다.

17 $\dfrac{47}{50}$

풀이 100개 중 6개의 비율로 불량품이므로 94개의 비율로 정상품입니다.
따라서 뽑은 단추가 정상품일 확률은
$\dfrac{94}{100} = \dfrac{47}{50}$입니다.

18 $\dfrac{1}{4}$

풀이 동전 2개를 동시에 던졌을 때 나오는 면의 전체 경우는 (숫자면, 숫자면), (숫자면, 그림면), (그림면, 숫자면), (그림면, 그림면)의 4가지이므로 확률은 $\dfrac{1}{4}$입니다.

19 $\dfrac{1}{6}$

풀이 주사위 2개를 동시에 던질 때 나오는 전체 경우의 수는 $6 \times 6 = 36$이고 같은 눈이 나오는 경우는 (1, 1), (2, 2), (3, 3), (4, 4), (5, 5), (6, 6)의 6가지이므로
$(확률) = \dfrac{6}{36} = \dfrac{1}{6}$입니다.

20 $\dfrac{1}{3}$

풀이 세 명이 가위바위보를 할 때 나올 수 있는 전체 경우의 수는 $3 \times 3 \times 3 = 27$이고, 그중 비기는 경우는 (가위, 가위, 가위), (가위, 바위, 보), (가위, 보, 바위), (바위, 바위, 바위), (바위, 가위, 보), (바위, 보, 가위), (보, 보, 보), (보, 가위, 바위), (보, 바위, 가위)의 9가지이므로 확률은 $\dfrac{9}{27} = \dfrac{1}{3}$입니다.

21 $\dfrac{1}{5}$

풀이 모든 경우의 수는 $5 \times 4 = 20$이고 새봄이가 부회장이 되는 경우를 (회장, 부회장)으로 나타내면 (경주, 새봄), (나우, 새봄), (진경, 새봄), (은수, 새봄)의 4가지이므로 확률은 $\dfrac{4}{20} = \dfrac{1}{5}$입니다.

22 $\dfrac{1}{3}$

풀이 동전 2개를 꺼내는 전체 경우의 수는 $3 \times 2 = 6$이고 100원짜리 동전이 먼저 나오는 경우는 (100원, 10원), (100원, 50원)의 2가지이므로 확률은 $\dfrac{2}{6} = \dfrac{1}{3}$입니다.

23 $\dfrac{5}{9}$

풀이 0은 십의 자리에 올 수 없으므로 만들 수 있는 두 자리 수의 전체 경우의 수는 $3 \times 3 = 9$이고 60보다 큰 경우는 64, 67, 70, 74, 76의 5가지이므로 확률은 $\dfrac{5}{9}$입니다.

24 $\dfrac{2}{3}$

풀이 주사위 2개를 동시에 던질 때 나오는 전체 경우의 수는 $6 \times 6 = 36$이고 나오는 눈의 차가 1 이상 3 이하인 경우는
차가 1인 경우 : (1, 2), (2, 3), (3, 4), (4, 5), (5, 6), (6, 5), (5, 4), (4, 3), (3, 2), (2, 1)의 10가지
차가 2인 경우 : (1, 3), (2, 4), (3, 5), (4, 6), (6, 4), (5, 3), (4, 2), (3, 1)의 8가지

차가 3인 경우 : (1, 4), (2, 5), (3, 6), (6, 3), (5, 2), (4, 1)의 6가지
따라서 $10 + 8 + 6 = 24$(가지)이므로 확률은 $\dfrac{24}{36} = \dfrac{2}{3}$입니다.

294a~297b

1 $35 + x = 93$

2 $x \times 4 + 15 = 13 \times 3$

3 $x \div 6 = 3 \times 3 - 1$

4 ③

5 ㉣

풀이 ㉠ $x + 4 = 9$ ➡ $4 + 4 = 9$(거짓)
㉡ $3 \times x = 15$ ➡ $3 \times 4 = 15$(거짓)
㉢ $x \times 5 - 3 = 15$
　　➡ $4 \times 5 - 3 = 15$(거짓)
㉣ $x \div 2 + 4 = 6$ ➡ $4 \div 2 + 4 = 6$(참)

6 ④

풀이 ① $2 \times 1 + 3 = 11$(거짓)
② $2 \times 2 + 3 = 11$(거짓)
③ $2 \times 3 + 3 = 11$(거짓)
④ $2 \times 4 + 3 = 11$(참)

7 6에 ◯표

풀이 $4 \times 5 - 6 = 18$(거짓)
$4 \times 6 - 6 = 18$(참)
$4 \times 7 - 6 = 18$(거짓)
$4 \times 8 - 6 = 18$(거짓)

8 $x = 2$

풀이 $\dfrac{3}{4} \times 1 + 2 = 3\dfrac{1}{2}$(거짓)
$\dfrac{3}{4} \times 2 + 2 = 3\dfrac{1}{2}$(참)
$\dfrac{3}{4} \times 3 + 2 = 3\dfrac{1}{2}$(거짓)
$\dfrac{3}{4} \times 4 + 2 = 3\dfrac{1}{2}$(거짓)

9 ①

풀이 $x - 6 = 12$
$x - 6 + 6 = 12 + 6$(⬅ 등식의 양쪽에 같은 수를 더해도 등식은 성립합니다.)

10 6, 6

11 ③

풀이 바르게 고치면
① $x+4=6$이면 $x+4-4=6-4$
② $x-5=3$이면 $x-5+5=3+5$
④ $x\div3=9$이면 $x\div3\times3=9\times3$

12 $\square=5$, $\triangle=20$

풀이 $x\times5-4=16$,
$(x\times5-4)+4=16+4$, $x\times5=20$
➡ $\square=5$, $\triangle=20$

13 등식의 양변에서 같은 수를 빼도 등식은 성립합니다. / 등식의 양변에 같은 수를 곱해도 등식은 성립합니다.

풀이 $x\div4+8=11$,
$(x\div4+8)-8=11-8$
(⬅ 등식의 양변에서 같은 수를 빼도 등식은 성립합니다.)
$x\div4=3$,
$x\div4\times4=3\times4$
(⬅ 등식의 양변에 같은 수를 곱해도 등식은 성립합니다.)

14 $x=2$

풀이 $9+3\times x=15$,
$(9+3\times x)-9=15-9$, $3\times x=6$,
$3\times x\div3=6\div3$, $x=2$

15 $x=1.1$

풀이 $x\div0.2-4=1.5$,
$(x\div0.2-4)+4=1.5+4$,
$x\div0.2=5.5$,
$x\div0.2\times0.2=5.5\times0.2$, $x=1.1$

16 $x=9$

풀이 $\dfrac{x}{6}-\dfrac{1}{2}=1$, $\dfrac{x}{6}-\dfrac{1}{2}+\dfrac{1}{2}=1+\dfrac{1}{2}$,
$\dfrac{x}{6}=\dfrac{3}{2}$, $\dfrac{x}{6}\times6=\dfrac{3}{2}\times6$, $x=9$

17 2

풀이 어떤 수를 x라 하면
$x\times6+10=22$, $x\times6=12$, $x=2$
따라서 어떤 수는 2입니다.

18 5

풀이 어떤 수를 x라 하면
$45\div x-7=2$, $45\div x=9$,
$45=9\times x$, $x=5$

19 26

풀이 가운데 수를 x라 하면 세 짝수는
$x-2$, x, $x+2$입니다.
$x-2+x+x+2=78$, $3\times x=78$,
$x=26$

20 13명

풀이 친구 수를 x명이라 하면
$60-x\times4=8$, $60=8+x\times4$,
$52=x\times4$, $x=13$(명)

21 800원

풀이 어제 사용한 용돈을 x원이라고 하면
$x\times2-200=1400$, $x\times2=1600$,
$x=800$(원)

22 2년 후

풀이 삼촌 나이가 3배가 되는 때를 x년 후라 하면
$40+x=(12+x)\times3$,
$40+x=36+x\times3$,
$40=36+x\times2$, $4=x\times2$, $x=2$(년 후)

23 6cm

풀이 $(x+10)\times6\div2=48$,
$(x+10)\times3=48$, $x+10=16$, $x=6$(cm)

24 100g

풀이 바구니만의 무게를 xg이라고 하면
$x+360\div2\times5=1000$,
$x+900=1000$, $x=100$(g)

25 8일

풀이 준하가 일한 날수를 x일이라 하면
$\dfrac{5}{15}+\dfrac{x}{12}=1$, $\dfrac{x}{12}=\dfrac{2}{3}$, $x=8$(일)

298a~298b 창의력 학습

a 31가지

풀이 전구 1개당 표현할 수 있는 경우는 켜져 있는 경우와 꺼져 있는 경우로 2가지입니다. 전구 5개로 표현할 수 있는 모든 경우는 $2\times2\times2\times2\times2=32$(가지)이고

이중에서 전구가 모두 꺼져 있는 경우는 제외하므로 31가지입니다.

b 한주

풀이 한주가 만든 식은 양쪽에서 15를 빼서 x의 값을 구할 수 있으므로 주어진 등식의 성질을 이용하여 풀 수 있는 문제가 아닙니다.

299a~300b · 경시대회 예상문제

1 4cm

풀이 (밑면인 원의 둘레)
$= 301.44 \div 12 = 25.12$(cm)
(반지름)$\times 2 \times 3.14 = 25.12$이므로
(반지름)$= 25.12 \div 3.14 \div 2 = 4$(cm)

2 320.96cm^2

풀이 (윷가락 1개의 겉넓이)
$= (1 \times 1 \times 3.14 \div 2) \times 2$
$\quad + (2 \times 3.14 \div 2 + 2) \times 15$
$= 3.14 + 77.1 = 80.24$(cm^2)
(윷가락 4개의 겉넓이)
$= 80.24 \times 4 = 320.96$

3 회전체의 부피는 큰 원기둥의 부피에서 비어 있는 부분의 부피를 빼어 구합니다.
$6 \times 6 \times 3.14 \times 9 - 2 \times 2 \times 3.14 \times 9$
$= 1017.36 - 113.04$
$= 904.32$(cm^3)
[답] 904.32cm^3

평가 기준	
상	큰 원기둥의 부피에서 비어 있는 부분의 부피를 빼서 구하는 것을 알고 답을 구한 경우
중	큰 원기둥의 부피에서 비어 있는 부분의 부피를 빼는 것은 알았으나 답을 구하지 못한 경우
하	풀이 과정과 답을 구하지 못한 경우

4 45분

풀이 그림을 그려서 알아보면

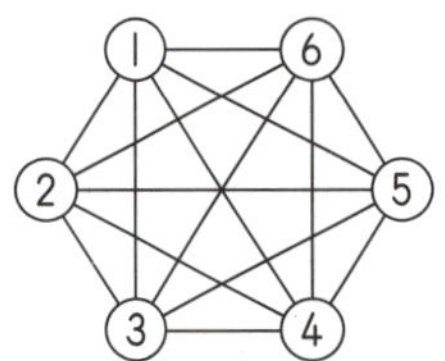

이므로 경기는 모두 15번이고 한 경기당 경기 시간이 3분이므로 전체 경기 시간은 $15 \times 3 = 45$(분)입니다.

5 4

풀이 나온 눈의 수의 곱이 25 이상인 경우는 25, 30, 36입니다.
곱이 25인 경우 : (5, 5)의 1가지
곱이 30인 경우 : (5, 6), (6, 5)의 2가지
곱이 36인 경우 : (6, 6)의 1가지
➡ $1 + 2 + 1 = 4$(가지)

6 8개

풀이 $\dfrac{\text{(당첨 제비의 수)}}{200} = \dfrac{1}{25}$이므로

(당첨 제비의 수)$= \dfrac{1}{25} \times 200 = 8$(개)

7 $\dfrac{1}{7}$

풀이 전체 공의 수 : $6 + 5 + 3 = 14$(개)

파란색 공이 나올 확률 : $\dfrac{5}{14}$

노란색 공이 나올 확률 : $\dfrac{3}{14}$

➡ $\dfrac{5}{14} - \dfrac{3}{14} = \dfrac{2}{14} = \dfrac{1}{7}$

8 사탕통 한 개에 들어 있던 사탕의 수를 x개라 하면
$x \times 2 - 18 = 34,\ x \times 2 = 52,\ x = 26$
따라서 사탕통 한 개에는 사탕이 26개 들어 있었습니다.
[답] 26개

평가 기준	
상	사탕통 한 개에 들어 있던 사탕의 수를 x라 놓고 방정식을 맞게 세우고 답을 구한 경우
중	사탕통 한 개에 들어 있던 사탕의 수를 x라 놓고 방정식은 맞게 세웠으나 답을 구하지 못한 경우
하	풀이 과정과 답을 구하지 못한 경우

9 10개

풀이 4점짜리를 x개, 3점짜리를 $30 - x$(개)라 하면
$3 \times (30 - x) + 4 \times x = 100,$
$90 - 3 \times x + 4 \times x = 100,\ x = 10$(개)

10 1시간 45분

풀이 자동차를 타고 간 시간을 x시간이라 하면
$200-80\times x=60,$
$200-80\times x+80\times x=60+80\times x,$
$200=60+80\times x,$
$140=80\times x,\ 1.75=x$

1.75시간$=1\dfrac{3}{4}$시간이고 $\dfrac{3}{4}$시간은 45분 이므로 진이네 가족이 자동차를 타고 간 시간은 1시간 45분입니다.

11 7일

풀이 형빈이가 하루에 하는 일의 양은 전 체의 $\dfrac{1}{18}$이고 정원이가 하루에 하는 일의 양은 전체의 $\dfrac{1}{15}$입니다.

형빈이가 남은 일을 혼자 마치는 데 걸린 날수를 x일이라 하면
$(\dfrac{5}{18}+\dfrac{5}{15})+\dfrac{x}{18}=1,\ \dfrac{11}{18}+\dfrac{x}{18}=1$
$\dfrac{x}{18}=\dfrac{7}{18},\ x=7(일)$

J5 성취도 테스트

1 $1413cm^2$

풀이 밑면의 반지름이 $18\div2=9(cm)$이 고 높이가 16cm인 원기둥이므로
(겉넓이)
$=(9\times9\times3.14)\times2+18\times3.14\times16$
$=254.34\times2+904.32$
$=1413(cm^2)$

2 $477.28cm^2$

풀이 (가의 겉넓이)
$=(12\times12\times3.14)\times2+12\times2\times3.14\times9$
$=452.16\times2+678.24$
$=1582.56(cm^2)$
(나의 겉넓이)
$=(8\times8\times3.14)\times2+8\times2\times3.14\times14$
$=200.96\times2+703.36$
$=1105.28(cm^2)$
➡ $1582.56-1105.28=477.28(cm^2)$

3 $967.12cm^2$

풀이 밑면의 반지름을 □cm라 하면
□$\times$□$\times3.14=153.86,$ □$=7(cm)$
(옆넓이)$=7\times2\times3.14\times15$
$\quad\quad\quad=659.4(cm^2)$
(겉넓이)$=153.86\times2+659.4$
$\quad\quad\quad=967.12(cm^2)$

4 $1582.56cm^3$

풀이 회전체는 밑면의 반지름이 6cm이 고 높이가 14cm인 원기둥이므로
(부피)$=6\times6\times3.14\times14$
$\quad\quad=1582.56(cm^3)$

5 $13068cm^3$

풀이 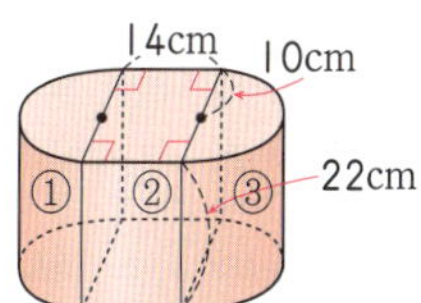

그림에서 ①과 ③을 더하면 반지름이 10cm, 높이가 22cm인 원기둥 모양이 되 고 ②는 직육면체 모양입니다.
(①＋③의 부피)
$=10\times10\times3.14\times22=6908(cm^3)$
(②의 부피)$=14\times20\times22=6160(cm^3)$
➡ (입체도형의 부피)$=6908+6160$
$\quad\quad\quad\quad\quad\quad\quad\quad=13068(cm^3)$

6 $1230.88cm^3$

풀이 물통에 물이 $\dfrac{1}{3}$만큼 들어 있으므로 더 부어야 할 물의 높이는
$12\times\dfrac{2}{3}=8(cm)$입니다.
(더 부어야 할 물의 부피)
$=7\times7\times3.14\times8=1230.88(cm^3)$

7 5

풀이 2의 배수는 2, 4, 6, 8, 10의 5가지 입니다.

8 3

풀이 영범이가 이기는 경우는
(영범, 승호) ➡ (가위, 보), (바위, 가위), (보, 바위)의 3가지입니다.

9 3

풀이 4의 약수는 1, 2, 4이므로 (동전, 주사위) ➡ (그림면, 1), (그림면, 2), (그림면, 4)의 3가지입니다.

10 24

풀이 첫 번째 주자를 정하는 방법의 수 4가지에 대하여 두 번째 주자를 정하는 방법의 수가 각각 3가지, 세 번째 주자를 정하는 방법의 수가 각각 2가지, 네 번째 주자를 정하는 방법의 수가 각각 1가지씩이므로 전체 경우의 수는 $4 \times 3 \times 2 \times 1 = 24$입니다.

11 10가지

풀이

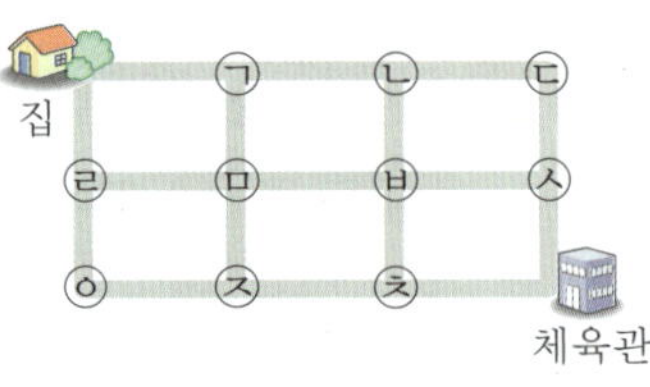

ㅅ을 거쳐 가는 방법 : ㄱ–ㄴ–ㄷ–ㅅ, ㄱ–ㄴ–ㅂ–ㅅ, ㄱ–ㅁ–ㅂ–ㅅ, ㄹ–ㅁ–ㅂ–ㅅ의 4가지
ㅊ을 거쳐 가는 방법 : ㄹ–ㅇ–ㅈ–ㅊ, ㄹ–ㅁ–ㅈ–ㅊ, ㄹ–ㅁ–ㅂ–ㅊ, ㄱ–ㅁ–ㅈ–ㅊ, ㄱ–ㅁ–ㅂ–ㅊ, ㄱ–ㄴ–ㅂ–ㅊ의 6가지
➡ $4 + 6 = 10$(가지)

12 99.96%

풀이 정상품의 수는 $20000 - 8 = 19992$(개)이므로 정상품일 확률은 $\dfrac{19992}{20000} = \dfrac{2499}{2500}$이고 이것을 백분율로 나타내면
$\dfrac{2499}{2500} \times 100 = 99.96$(%)입니다.

13 $\dfrac{1}{6}$

풀이 주사위 두 개를 던져 나오는 전체 경우의 수는 36이고, 눈의 수의 합이 10 이상인 경우는
10일 때 (4, 6), (5, 5), (6, 4)의 3가지,
11일 때 (5, 6), (6, 5)의 2가지,
12일 때 (6, 6)의 1가지

따라서 $3 + 2 + 1 = 6$(가지)이므로 확률은 $\dfrac{6}{36} = \dfrac{1}{6}$입니다.

14 ㉡, ㉢

풀이 $x \div 4 + 5 = 13$,
$(x \div 4 + 5) - 5 = 13 - 5$(◀ ㉡ 사용),
$x \div 4 = 8$, $x \div 4 \times 4 = 8 \times 4$(◀ ㉢ 사용)

15 (1) $x = 48$ (2) $x = 0.9$

풀이 (1) $\dfrac{1}{4} \times x - 8 = 4$, $\dfrac{1}{4} \times x = 12$,
$x = 48$
(2) $x \div 0.6 + 1 = 2.5$, $x \div 0.6 = 1.5$,
$x = 0.9$

16 $\square = 8$, $\triangle = 16$

풀이 $8 \times x + 5 = 21$, $8 \times x = 16$
➡ $\square = 8$, $\triangle = 16$

17 $x \div 12 - 2 = 3$, 60

풀이 어떤 수를 x라고 하면
$x \div 12 - 2 = 3$, $x \div 12 = 5$, $x = 60$

18 8개

풀이 막대 사탕의 수를 x개라고 하면
$800 + 200 \times x = 2400$,
$200 \times x = 1600$, $x = 8$(개)

19 4년 후

풀이 할머니의 나이가 정훈이의 나이의 4배가 되는 때를 x년 후라고 하면
$68 + x = (14 + x) \times 4$,
$68 + x = 56 + x \times 4$,
$12 = x \times 3$, $x = 4$(년 후)

20 16일

풀이 선준이가 하루에 하는 일의 양은 전체의 $\dfrac{1}{18}$이고 아인이가 하루에 하는 일의 양은 전체의 $\dfrac{1}{24}$입니다.
아인이가 일을 마치는 데 걸리는 날수를 x일이라 하면
$\dfrac{6}{18} + \dfrac{x}{24} = 1$, $\dfrac{x}{24} = \dfrac{2}{3}$, $x = 16$(일)